U0866050

新工科·高质量教材建设计划

工程力学
习题册

孔海陵　主编

电子科技大学出版社
University of Electronic Science and Technology of China Press
·成都·

图书在版编目（CIP）数据

工程力学习题册 / 孔海陵主编. -- 成都 ：成都电子科大出版社，2025. 1. -- ISBN 978-7-5770-1298-8

Ⅰ. TB12-44

中国国家版本馆CIP数据核字第2024MW1045号

工程力学习题册

GONGCHENG LIXUE XITICE

孔海陵　主编

策划编辑　刘　凡
责任编辑　刘　凡
责任校对　魏　彬
责任印制　段晓静

出版发行　电子科技大学出版社
　　　　　成都市一环路东一段159号电子信息产业大厦九楼　邮编　610051
主　　页　www.uestcp.com.cn
服务电话　028-83203399
邮购电话　028-83201495

印　　刷　四川煤田地质制图印务有限责任公司
成品尺寸　185 mm×260 mm
印　　张　16
字　　数　450千字
版　　次　2025年1月第1版
印　　次　2025年1月第1次印刷
书　　号　ISBN 978-7-5770-1298-8
定　　价　45.00元

前　言

本书是为适应应用型本科工程力学课程的教学需要而编写的。针对应用型本科院校学生学习的特点，结合由佘斌、孔海陵编写的《工程力学（第2版）》的教学内容和进度安排，按照“注重基础，强调应用”的原则进行设计和编写，适用于应用型本科院校机械类、材料类、能源类、自动化类、土木类、水利类、地质类、矿业类、纺织类、交通运输类、海洋工程类、环境科学与工程类、安全科学与工程类等专业少学时或中等学时的工程力学课程的教学。

本书内容包括绪论、静力学基础、平面力系的简化与平衡、空间力系的简化与平衡、材料力学基础、轴向拉伸与压缩、剪切与挤压、圆轴扭转、梁的平面弯曲——强度计算、梁的平面弯曲——刚度计算、组合变形、压杆稳定等12章。各章由复习题和习题两部分组成。复习题设计成填空题，以方便学生复习。习题设计成活页，以方便学生完成作业。

本书的编写和出版得到了电子科技大学出版社刘凡编辑的大力支持和帮助，在此表示诚挚的谢意。在编写过程中，编者查阅和参考了大量文献，谨向这些文献的作者表示衷心的感谢。在本书编写过程中，佘斌、王路珍、蔡中兵、顾国庆、郭磊、董亚伟、刘根林、严育兵等老师给予了具体的建议和帮助，特此致谢。

由于编者水平有限，书中可能出现错误和不妥之处，欢迎读者批评指正。

编　者

2024年12月

目　录

第1章

绪　论

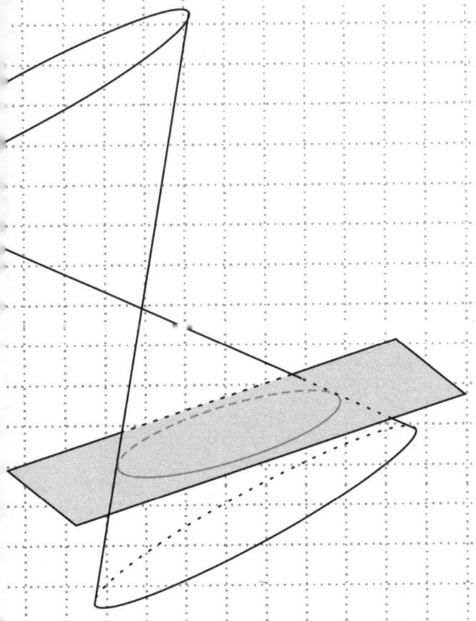

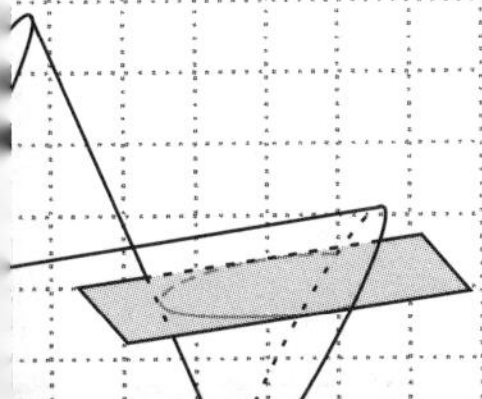

第1章 复习题

1-1 工程力学是应用于工程实际的各门力学学科的总称，其内容极其广泛。狭义上，工程力学一般由__________和__________两部分内容组成。

1-2 工程力学是研究__________机械运动规律及其应用的科学。

1-3 理论力学研究对象是__________。

1-4 静力学是研究__________、__________以及__________的理论，并用于对物体进行受力分析和计算。

1-5 理论力学研究问题是确定构件的受力，采用的方法是__________的方法。

1-6 材料力学的研究对象是__________。

1-7 材料力学研究的问题是在外力作用下的__________、__________和__________的规律。

1-8 材料力学研究的问题可以为工程中设计构件的截面形状和尺寸、选择材料提供有关__________、__________和__________分析的基本理论和方法。

1-9 工程力学是研究__________的，其研究对象和任务都与具体的工程问题相关，它的理论、方法和各种结论都是围绕工程问题形成的。

第2章

静力学基础

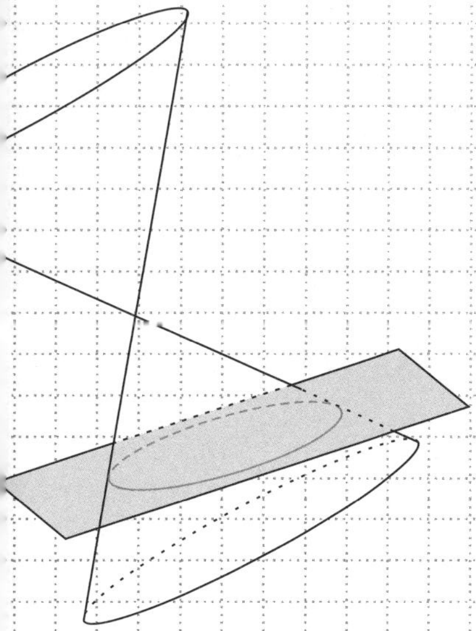

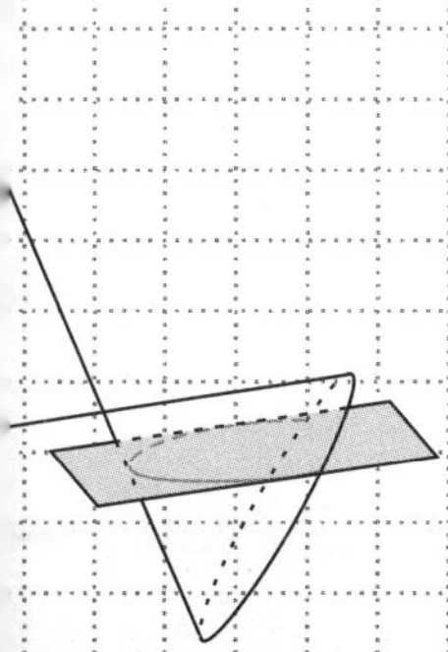

第2章 复习题

2-1 静力学研究的三个问题分别是______、______和 ______。

2-2 力是物体之间相互的机械作用，这种作用使得物体的______和 ______发生改变。

2-3 力使物体机械运动状态发生变化的效应称为力的______，又称为力的______。

2-4 力使物体发生变形的效应称为力的______，又称为力的______。

2-5 理论力学中只讨论力的______，材料力学则主要研究力的______。

2-6 力对物体的作用效应取决于力的______、______和______，这三者有称为______。

2-7 力的大小反映物体间机械运动的______；力的方向包括力的作用线______和力沿作用线的______。

2-8 如果作用在物体上的两个力系对物体的作用效果相同，则这两个力系互为 ______。

2-9 作用在同一刚体上的两个力处于平衡的充要条件是该两力______、______、______。

2-10 工程上，将只受两个力作用且平衡的构件称为______。

2-11 加减平衡力系原理是研究力系的等效变换重要依据，只适用于______。

2-12 力的可传性原理只适用于______。

2-13 两个物体之间的作用力和反作用力总是同时存在，______、______，沿着同一直线，分别作用在______。

2-14 作用力与反作用力______一对平衡力。

2-15 刚体的平衡条件是变形体平衡的______。

2-16 在力学中，把事先对于物体的运动（位置和速度）所施加的限制条件称为______。

2-17 约束力的方向必与该约束所能够阻碍的位移的方向______。

2-18 光滑接触面对物体的约束力方向沿接触表面的______，并______受力物体。

2-19 柔索对物体的约束力作用在接触点，方向沿着柔索______受力物体。

2-20 当受约束的物体在某些主动力作用下处于平衡，若将其部分或全部的约束除去，代之以相应的约束力，则物体的平衡不受影响。这一原理称为______。

第2章 习 题

班级： 学号： 姓名：

2-1 试画出图中各球状物体的受力图，所有接触处均为光滑接触。

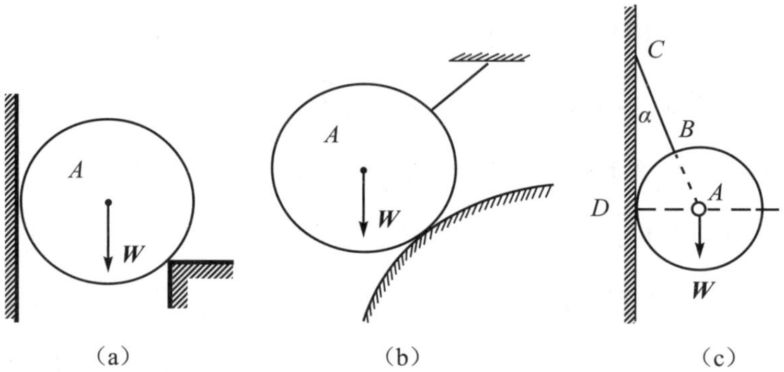

题 2-1 图

第2章 习 题

班级：　　　　　　学号：　　　　　　姓名：

2–2 试画出图中各杆件的受力图，所有接触处均为光滑接触。

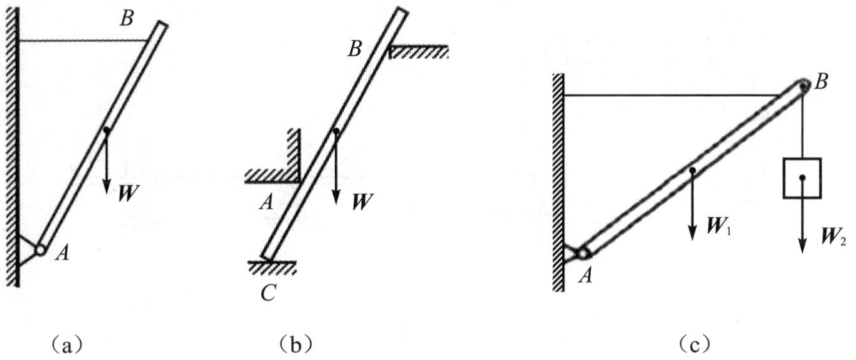

题2-2图

第2章 习 题

班级：　　　　　　学号：　　　　　　姓名：

2-3　试画出图中各物体的受力图，所有接触处均为光滑接触。

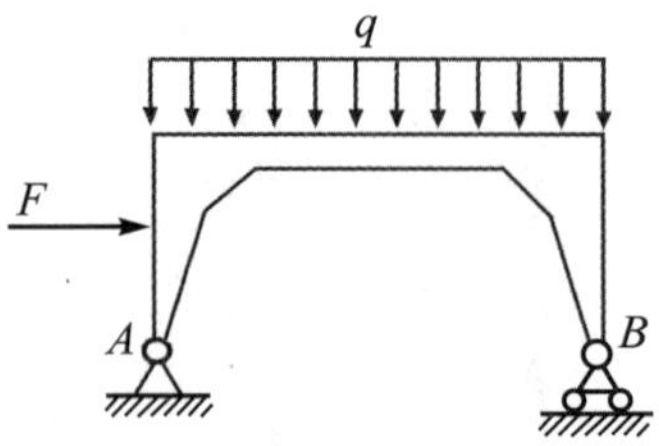

（a）

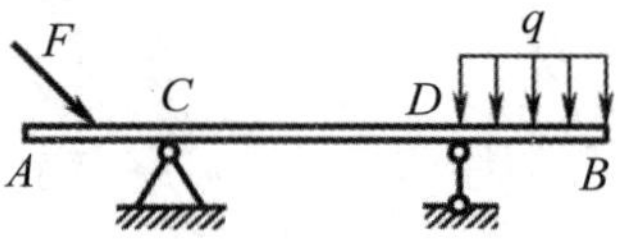

（b）

题2-3图

第2章 习 题

班级： 学号： 姓名：

2–4 试画出图中各物体和整体的受力图，所有接触处均为光滑接触。

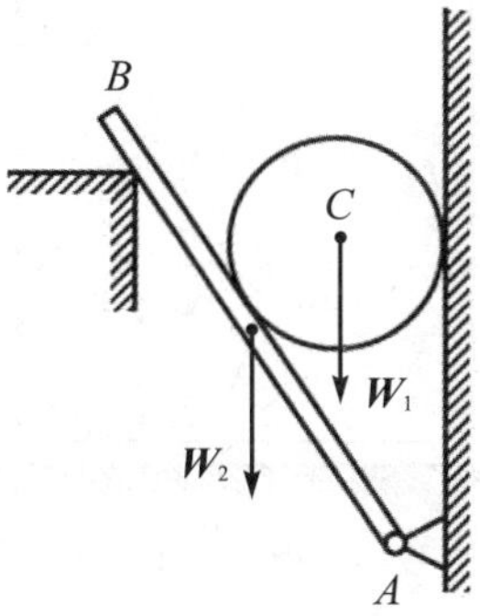

题 2-4 图

第2章 习 题

班级： 学号： 姓名：

2-5 试画出图中各物体和整体的受力图，所有接触处均为光滑接触。

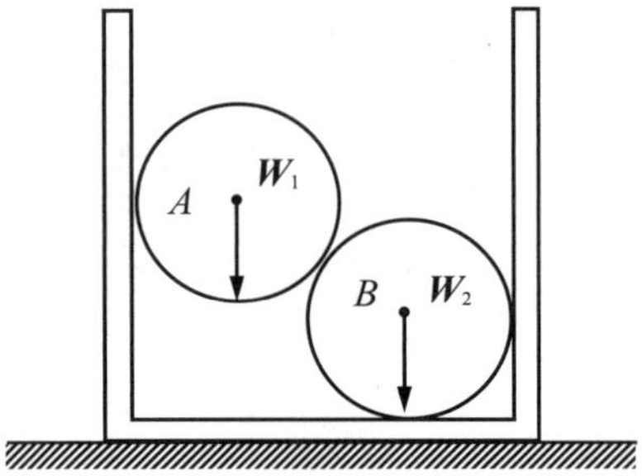

题2-5图

第2章 习 题

班级：　　　　　　学号：　　　　　　姓名：

2–6　试画出图中各物体和整体的受力图，所有接触处均为光滑接触。

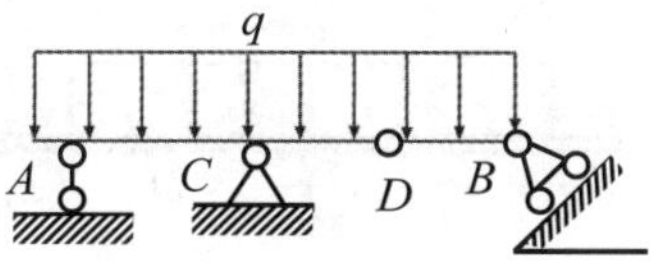

题2-6图

第2章 习题

班级：　　　　学号：　　　　姓名：

2-7　试画出图中各物体和整体的受力图，所有接触处均为光滑接触。

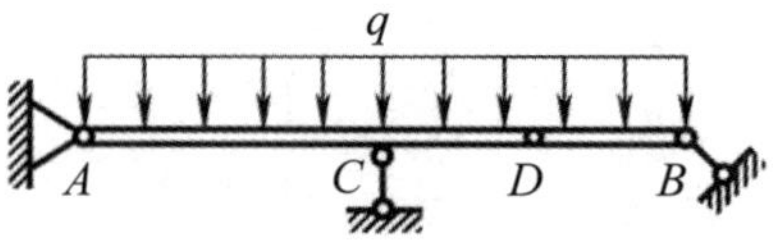

题 2-7 图

第2章 习 题

班级： 学号： 姓名：

2-8 试画出图中各物体和整体的受力图，所有接触处均为光滑接触。

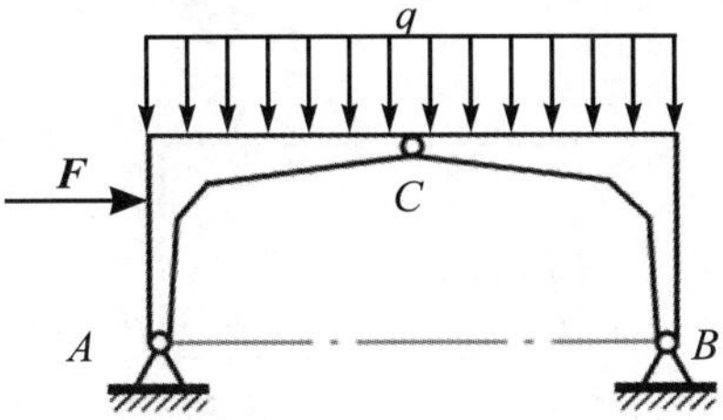

题2-8图

第2章 习 题

班级： 学号： 姓名：

2-9 试画出图中各物体和整体的受力图，所有接触处均为光滑接触。

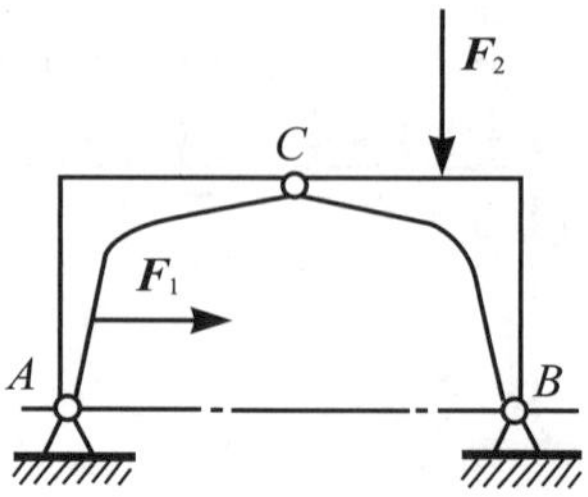

题2-9图

第2章 习题

班级：　　　　学号：　　　　姓名：

2-10 试画出图中各物体和整体的受力图，所有接触处均为光滑接触。

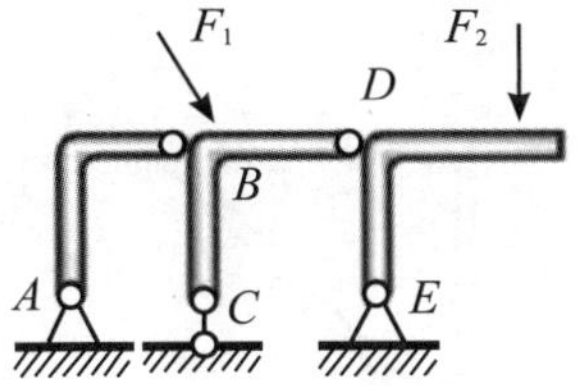

题2-10图

第2章 习 题

班级： 学号： 姓名：

2-11 试画出图中各物体和整体的受力图，所有接触处均为光滑接触。

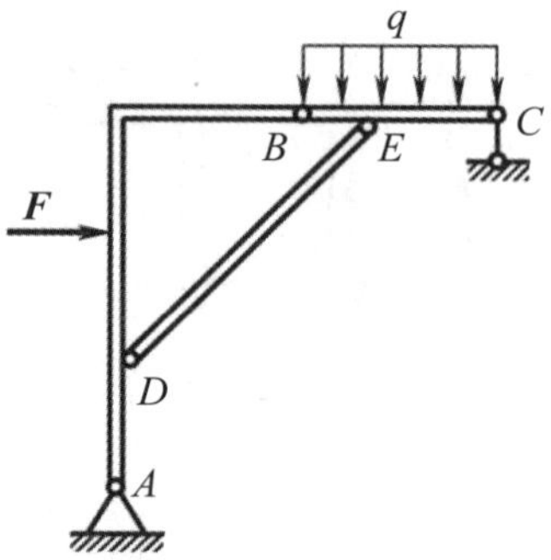

题2-11图

第2章 习 题

班级： 学号： 姓名：

2–12 试画出图中各物体和整体的受力图，所有接触处均为光滑接触。

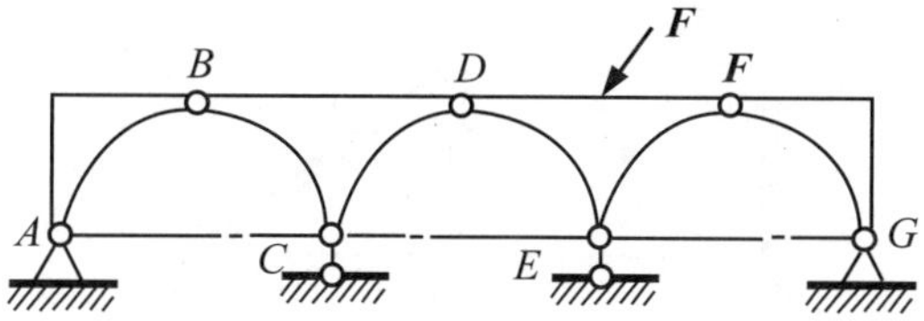

题2-12图

第2章 习 题

班级： 学号： 姓名：

2-13 试画出图中各物体和整体的受力图，所有接触处均为光滑接触。

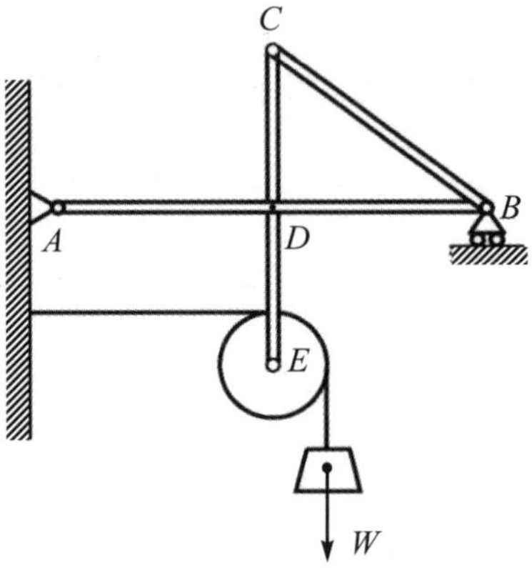

题2-13图

第3章

平面力系的简化与平衡

第3章 复习题

3-1 力F在轴上的投影$\boldsymbol{F}_x$、$\boldsymbol{F}_y$为____________，而力F沿轴的分量$\boldsymbol{F}_x=F_x\boldsymbol{i}$和$\boldsymbol{F}_y=F_y\boldsymbol{j}$为__________。

3-2 力在直角坐标轴上的投影的大小与力沿这两条轴的分力的大小________；力在非直角坐标轴上的投影的大小与力沿这两条轴的分力的大小________。

3-3 合力在任一轴上的投影等于各分力在同一轴上投影的________。

3-4 平面汇交力系平衡的充分必要条件为______________________________。

3-5 力使物体绕矩心有逆时针转动趋势时为________，反之为________。

3-6 平面汇交力系的合力对于平面内任一点的矩等于所有各分力对于该点的矩的__________。

3-7 力和力偶________等效。

3-8 力偶的作用效应取决于力的大小和力偶臂的长短，与矩心的位置______。

3-9 在同一平面内的两个力偶，如果________，则两力偶彼此等效。

3-10 平面力偶系平衡的充分必要条件是______________________________。

3-11 作用在刚体上一点的力可等效平行移到另一点，但必须同时附加一个力偶，这个附加力偶的矩等于原来的力对新作用点的矩，该定理称为______________。

3-12 平面任意力系向一点简化可得到________和________，其中，________与简化中心的选择无关。

3-13 当系统中的未知量数目等于独立平衡方程的数目时，则所有未知量都能由平衡方程求出，这样的问题称为________________________。

第3章 习 题

班级： 学号： 姓名：

3–1 某平面内一点O受力如图所示，已知F_1=150 N，F_2=80 N，F_3=140 N，F_4=50N，求四个力的合力。

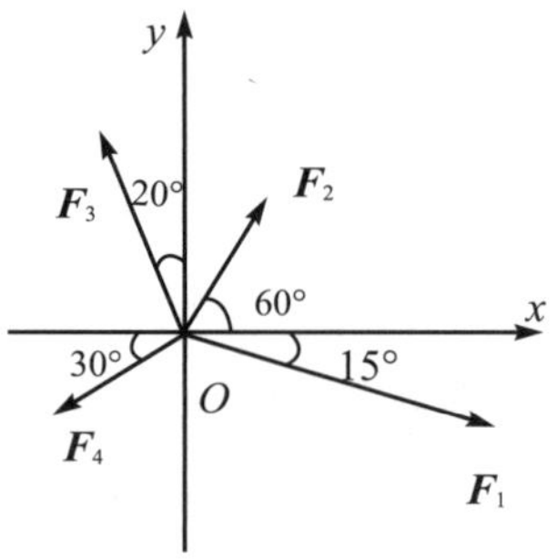

题3-1图

第3章 习题

班级：　　　　　　学号：　　　　　　姓名：

3–2 物体重 W=20 kN，用绳子挂在支架的滑轮 B 上，绳子的另一端接在铰车 D 上，如图所示。转动铰车，物体便能升起。设滑轮的大小、AB 与 CB 杆的自重及摩擦略去不计，A、B、C 三处均为铰链连接。当物体处于平衡状态时，试求拉杆 AB 和支杆 CB 所受的力。

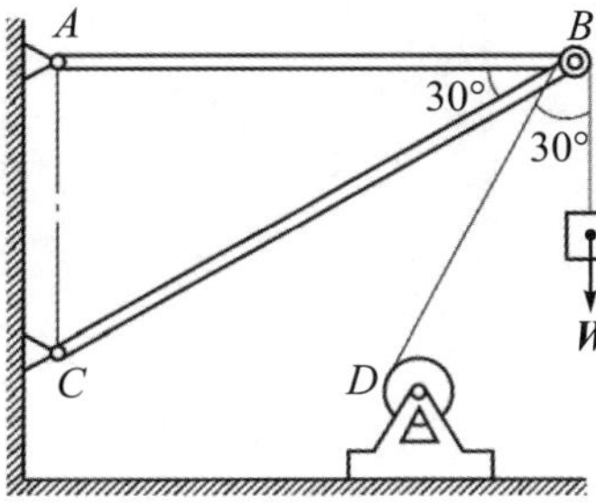

题 3-2 图

第3章 习 题

班级： 学号： 姓名：

3–3 如图所示，柔索AC、BC通过节点C连接，在C点处受到两个力作用，已知F_2=534 N，力$\boldsymbol{F}_1$与BC夹角为α（$\sin\alpha=0.8$）。不计各构件自重，若将柔索AC、BC拉紧，求力$\boldsymbol{F}_1$的取值范围。

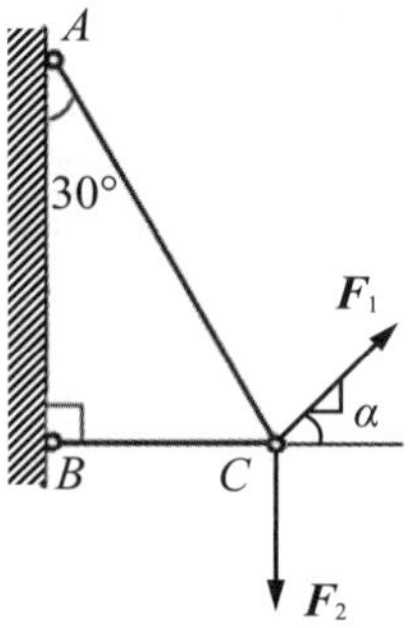

题3-3图

第3章 习 题

班级： 学号： 姓名：

3–4 试求如图所示各力 $\boldsymbol{F}$ 对点 O 的矩。

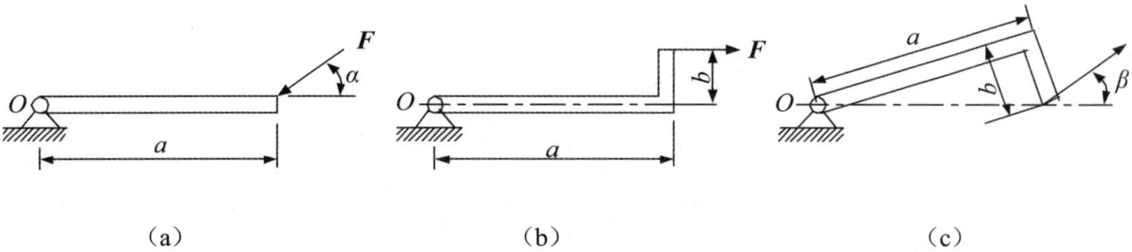

题 3-4 图

第3章 习　题

班级：　　　　学号：　　　　姓名：

3–5 一大小为50 N的力作用在圆盘边缘的*C*点上，如图所示，图中尺寸单位为mm。试分别计算此力对*O*、*A*、*B*三点的矩。

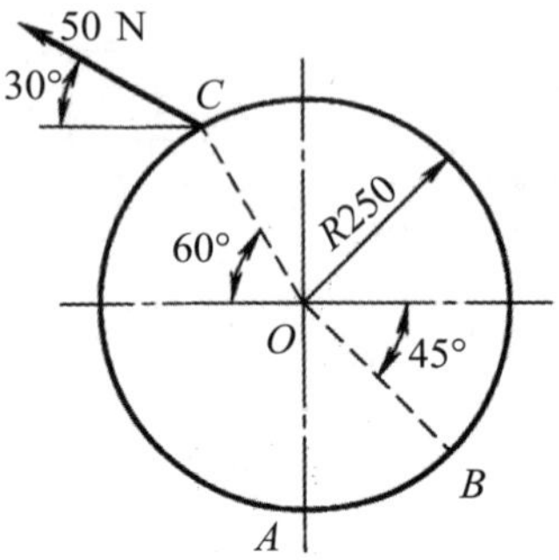

题3-5图

第3章 习 题

班级： 学号： 姓名：

3–6 扳手尺寸如图所示，图中尺寸单位为mm。板手上作用有力F=100 N，θ=45°。试求力$\boldsymbol{F}$对螺母的力矩。

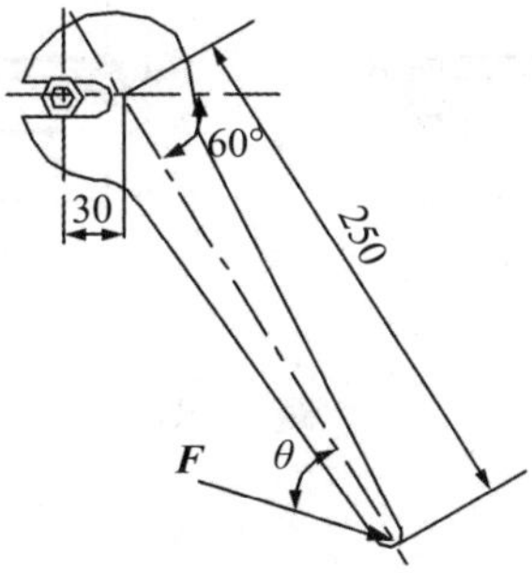

题3-6图

第3章 习题

班级：　　　　学号：　　　　姓名：

3–7　杆AB的尺寸和受力如图所示，不计自重，试求支座A、B的约束力。

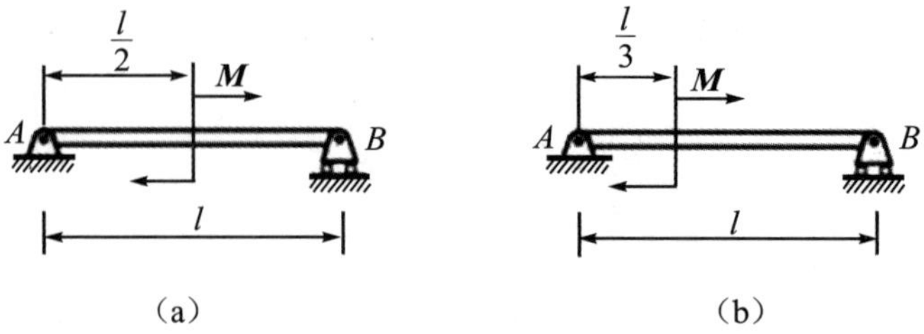

题3-7图

第3章 习 题

班级： 学号： 姓名：

3-8 杆AB的尺寸和受力如图所示，不计自重，试求支座A、B的约束力。

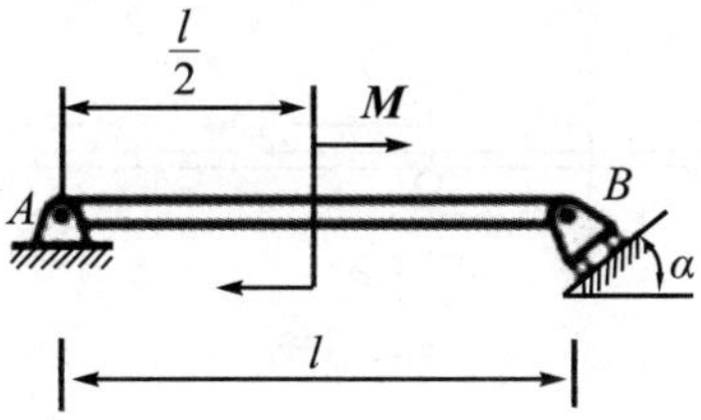

题3-8图

第3章 习 题

班级：　　　　　学号：　　　　　姓名：

3–9 杆AB受力如图所示，不计自重，试求支座B、C的约束力。

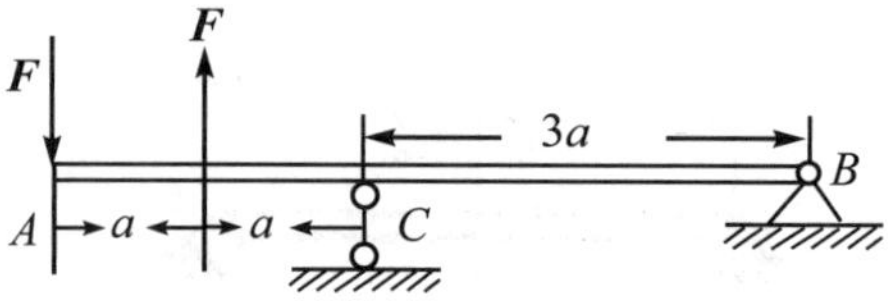

题3-9图

第3章 习　题

班级：　　　　　　　　学号：　　　　　　　　姓名：

3–10　四连杆机构如图所示，已知：OA=0.4 m，O_1B=0.6 m，M_1=1 N·m。机构在图示位置处于平衡状态，不计各构件自重，试求力偶矩$\boldsymbol{M}_2$的大小和杆AB所受的力。

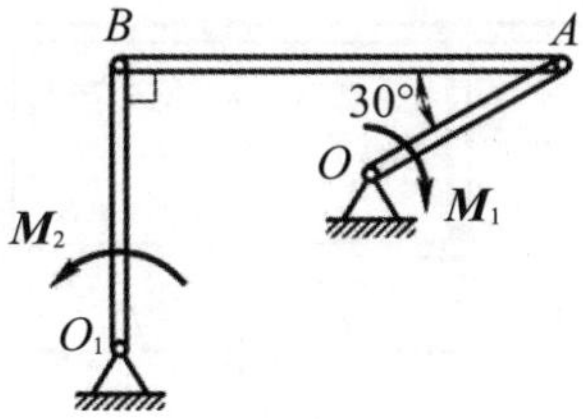

题3-10图

第3章 习 题

班级：　　学号：　　姓名：

3-11 某结构的尺寸和受力如图所示，不计各构件自重，试求支座A、B的约束力。

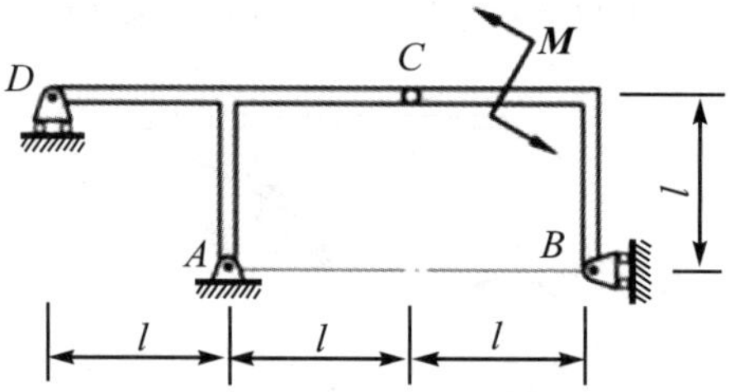

题3-11图

第3章 习 题

班级：　　　　学号：　　　　姓名：

3–12 平面任意力系如图所示，已知$F_1=40\sqrt{2}$ N，F_2=80 N，F_3=40 N，F_4=110 N，M=2 000 N·mm。各力作用位置如图所示，图中尺寸单位为mm。试求：（1）力系向O点简化的结果；（2）力系的合力的大小和方向。

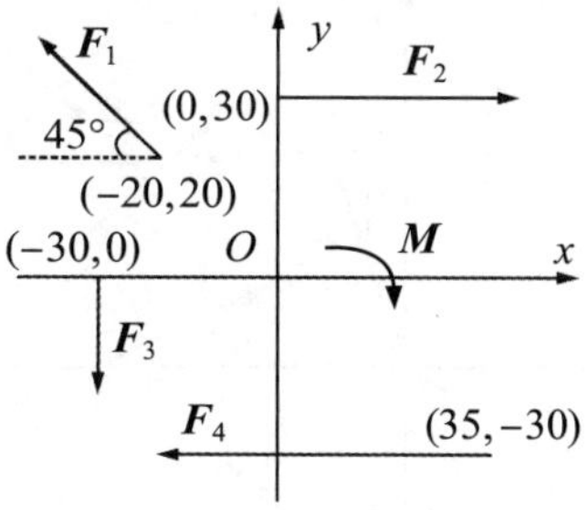

题3-12图

第3章 习 题

班级： 学号： 姓名：

3-13 平面任意力系如图所示，已知F_1=150 N，F_2=200 N，F_3=300 N，F=F'=200 N。各力作用位置如图所示，图中尺寸单位为mm。试求：(1) 力系向O点简化的结果；(2) 力系的合力的大小及其作用线与点O的距离。

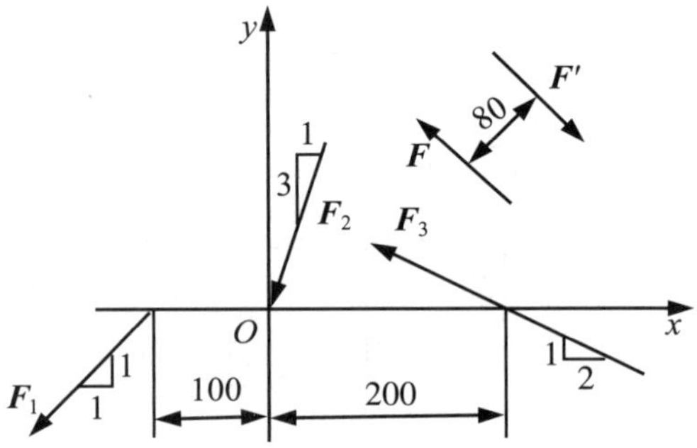

题3-13图

第3章 习题

班级：　　　　学号：　　　　姓名：

3-14 平面任意力系如图所示，已知$F_1=60\sqrt{2}$ kN，F_2=60 kN，F_3=60 kN。各力作用位置如图所示，图中尺寸单位为mm。试求力系向O点及O_1点简化的结果。

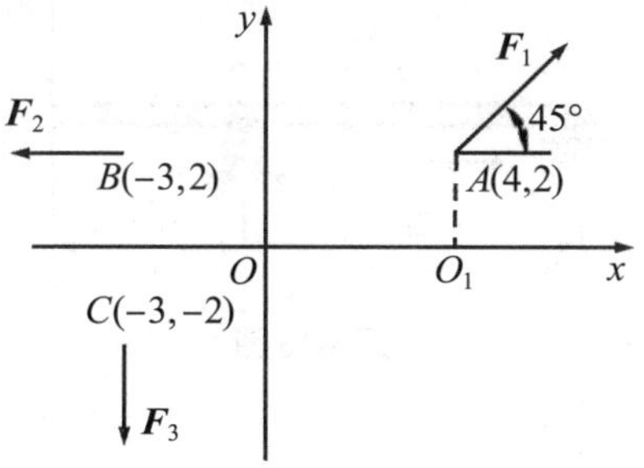

题3-14图

第3章 习 题

班级：　　　　学号：　　　　姓名：

3–15　杆AB尺寸和受力如图所示，不计自重，试求支座A、B的约束力。

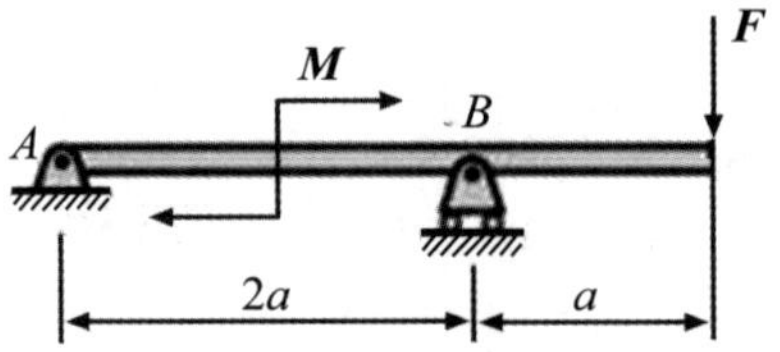

题3-15图

第3章 习 题

班级：　　学号：　　姓名：

3–16 杆*AB*的尺寸和受力如图所示，不计自重，试求支座*A*、*B*的约束力。

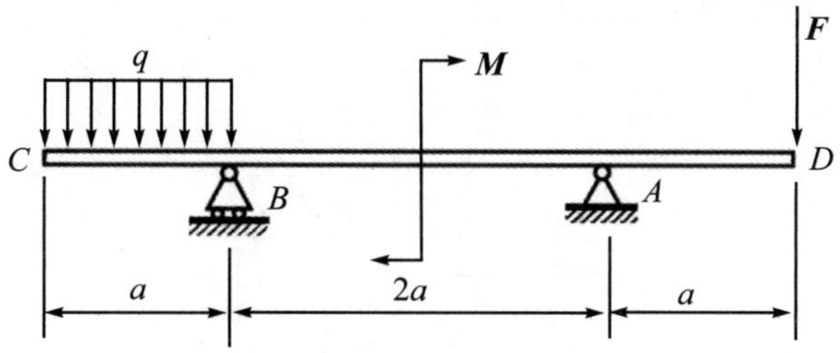

题3-16图

第3章 习 题

班级： 学号： 姓名：

3–17 刚架的尺寸和受力如图所示，已知F=10 kN，q=3 kN/m，力偶矩M=8 kN·m，不计自重。试求固定端A的约束力。

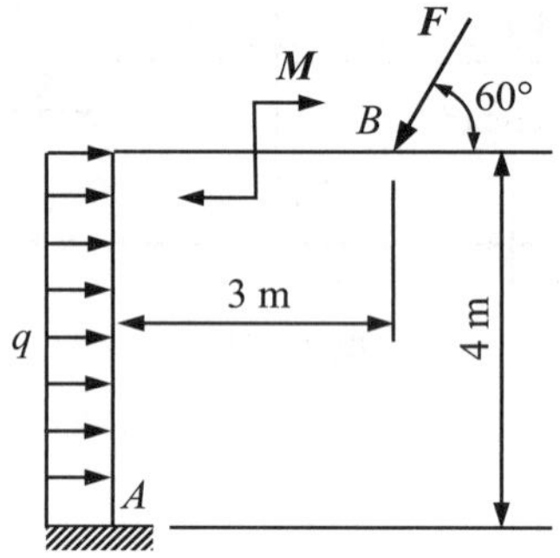

题3-17图

第3章 习题

班级： 学号： 姓名：

3–18 杆AB用三根支杆支承，其尺寸和受力如图所示，不计自重，已知F_1=30 kN，F_2=40 kN，q=20 kN/m，力偶矩M=30 kN·m。试求三根支杆的约束力。

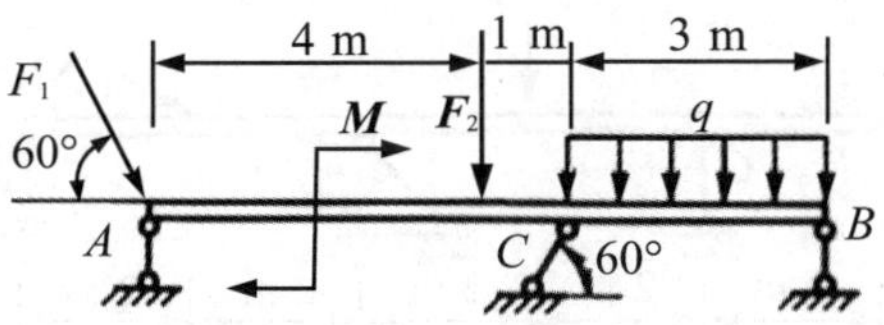

题3-18图

第3章 习 题

班级： 学号： 姓名：

3-19 杆 AB 用三根支杆支承，其尺寸和受力如图所示，不计自重，已知 F_1=30 kN，F_2=40 kN，q=20 kN/m，力偶矩 M=30 kN·m。试求三根支杆的约束力。

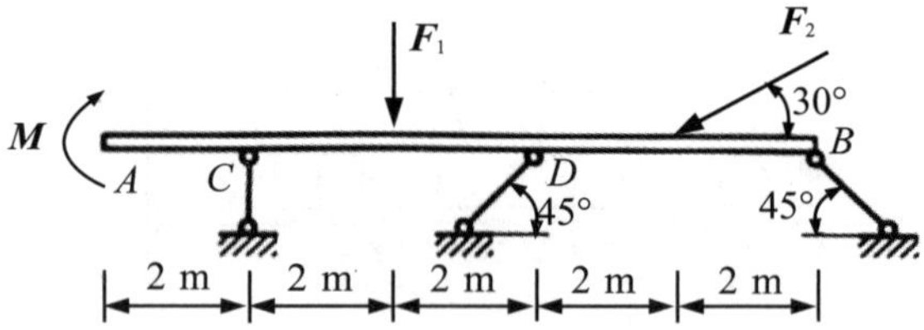

题3-19图

第3章 习 题

班级： 学号： 姓名：

3–20 组合梁AC的尺寸及受力如图所示，不计梁的自重，试求组合梁的约束力。

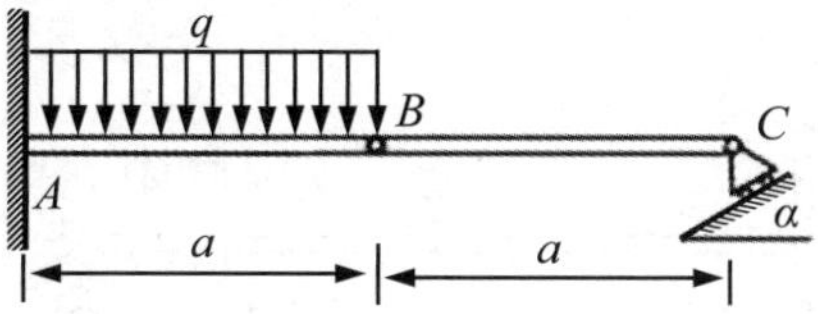

题3-20图

第3章 习 题

班级： 学号： 姓名：

3–21 组合梁AC的尺寸及受力如图所示，不计梁的自重，试求组合梁的约束力。

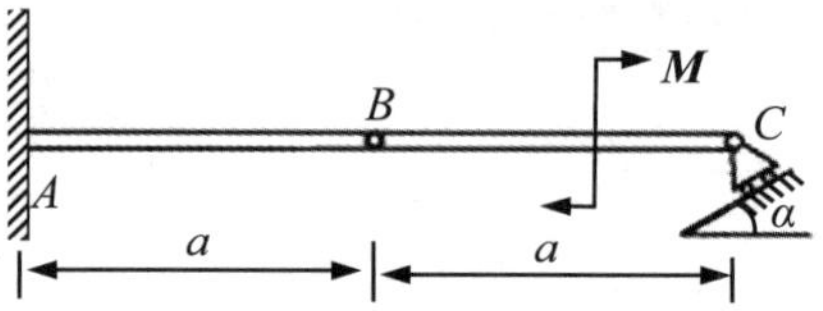

题3-21图

第3章 习 题

班级：　　　　　学号：　　　　　姓名：

3–22 组合梁AC的尺寸及受力如图所示，不计梁的自重，试求组合梁的约束力。

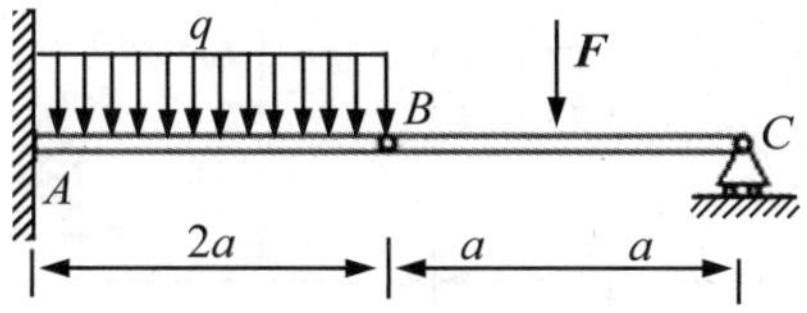

题3-22图

第3章 习 题

班级： 学号： 姓名：

3–23 组合梁AC的尺寸及受力如图所示，不计梁的自重，试求组合梁的约束力。

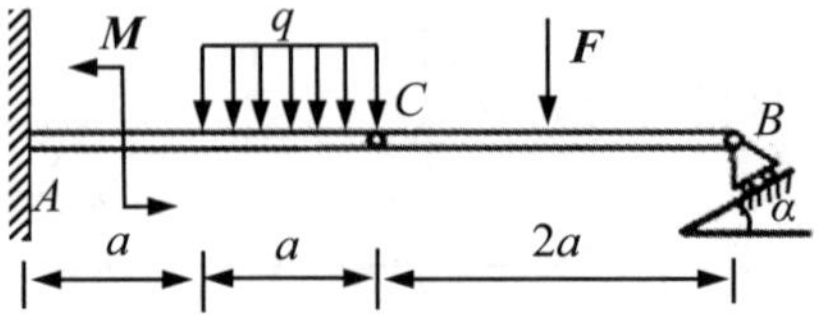

题3-23图

第3章 习 题

班级： 学号： 姓名：

3-24 组合梁AD的尺寸及受力如图所示，不计梁的自重，试求组合梁的约束力。

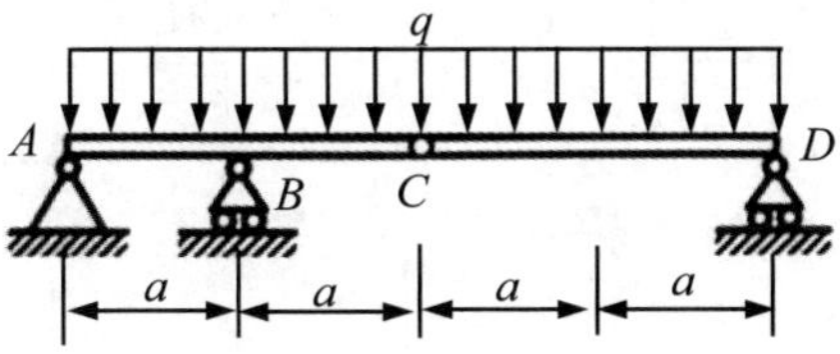

题3-24图

第3章 习 题

班级：　　　　学号：　　　　姓名：

3–25 组合梁AD的尺寸及受力如图所示，不计梁的自重，试求组合梁的约束力。

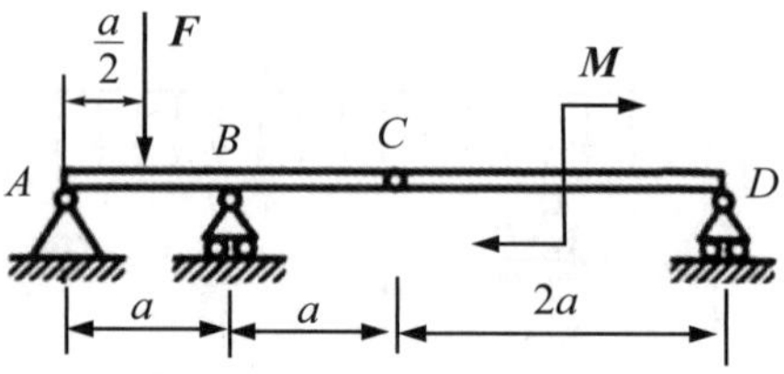

题3-25图

第3章 习 题

班级： 学号： 姓名：

3–26 组合梁*AD*的尺寸及受力如图所示，不计梁的自重，试求组合梁的约束力。

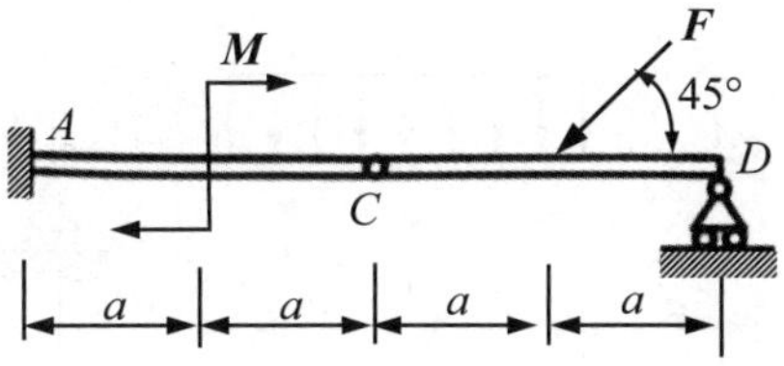

题3-26图

第3章 习 题

班级： 学号： 姓名：

3–27 组合梁AD的尺寸及受力如图所示，不计梁的自重，试求组合梁的约束力。

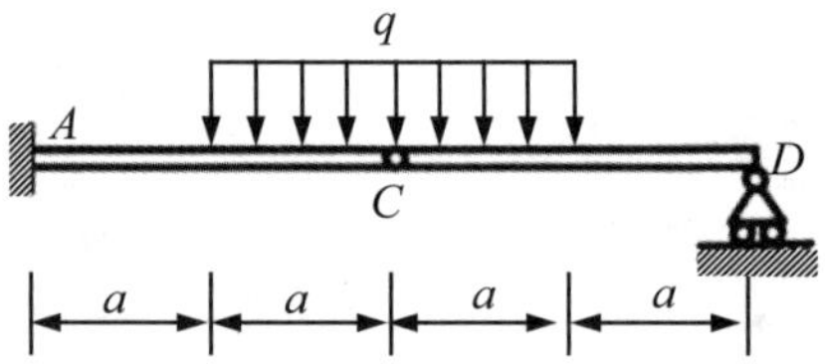

题3-27图

第3章 习题

班级：　　　　学号：　　　　姓名：

3-28 由 AC 和 CD 构成的组合梁通过铰链 C 连接。它的支承和受力如图所示，图中尺寸单位为mm。已知均布载荷强度 q=10 kN/m，力偶矩 M=40 kN·m，不计自重。试求支座 A、B、D 的约束力和铰链 C 处所受的力。

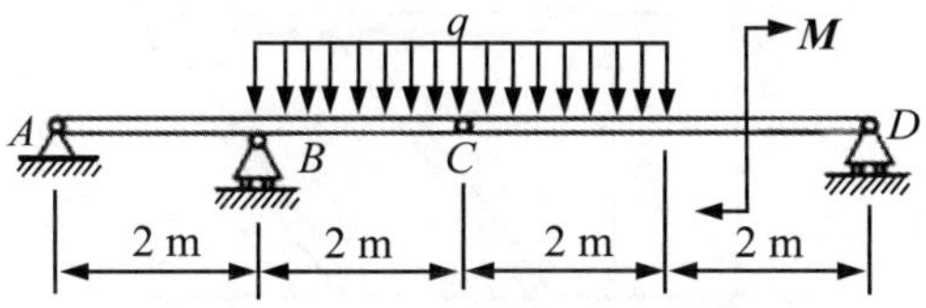

题3-28图

第3章 习 题

班级： 学号： 姓名：

3–29 结构的尺寸及受力如图所示，图中尺寸单位为mm，已知F=1 000 N，杆ABC与杆DEF平行，试求各支座的约束力。

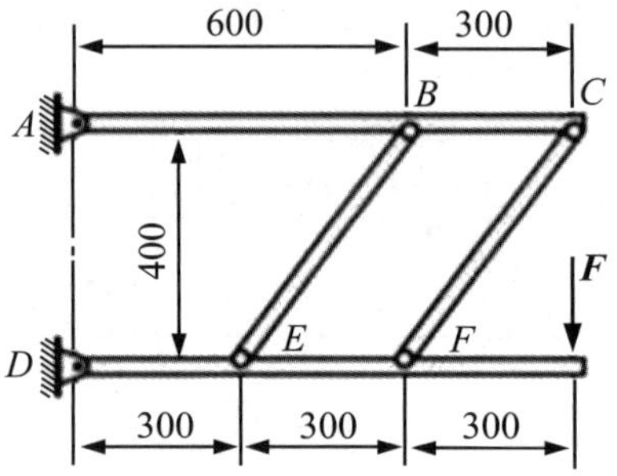

题3-29图

第3章 习 题

班级：　　　　　　学号：　　　　　　姓名：

3–30 结构的尺寸及受力如图所示，已知F=40 kN，杆ABC与杆DEF平行，试求铰链A、B、C的约束力。

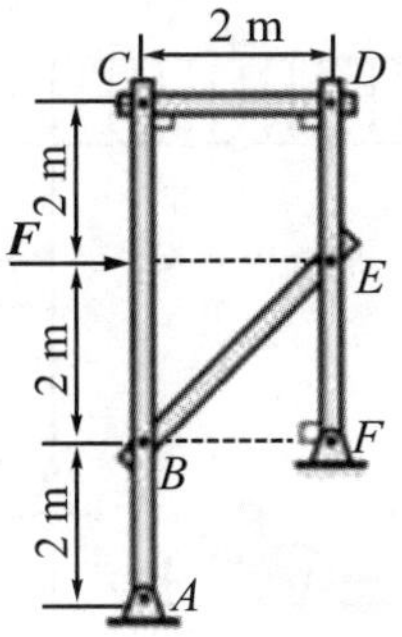

题3-30图

第3章 习 题

班级：　　　　学号：　　　　姓名：

3-31 刚架的尺寸及受力如图所示，已知均布载荷q=15 kN/m，力F=60 kN作用。试求支座A、B的约束力。

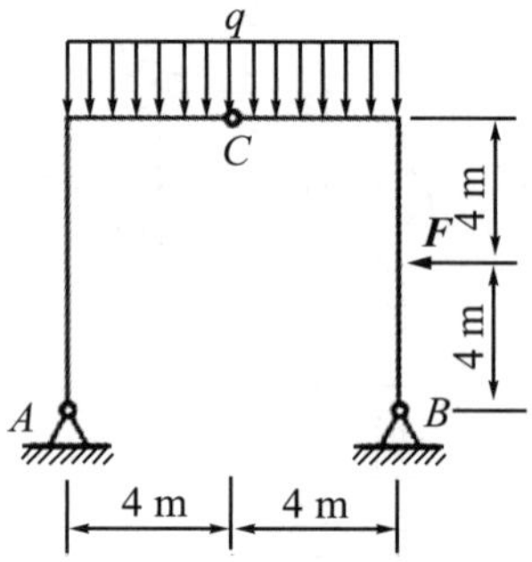

题3-31图

第3章 习题

班级： 学号： 姓名：

3–32 三铰拱桥如图所示。已知：W=300 kN，l=32 m，h=10 m。试求支座A、B的约束力。

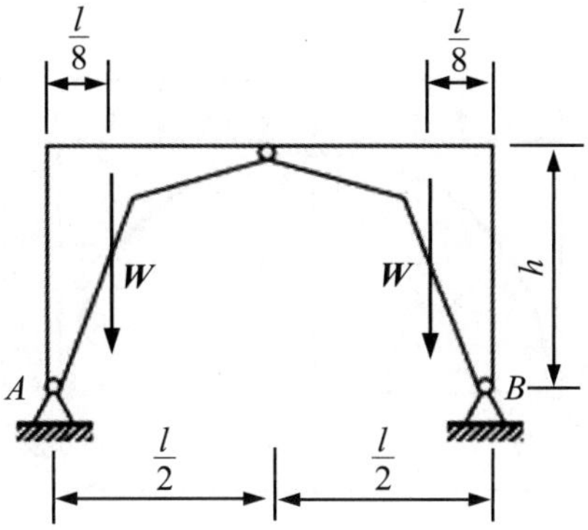

题3-32图

第3章 习 题

班级： 学号： 姓名：

3–33 三铰拱桥如图所示。已知：均布载荷 q=20 kN/m，l=8 m，h=4 m。试求支座 A、B 的约束力。

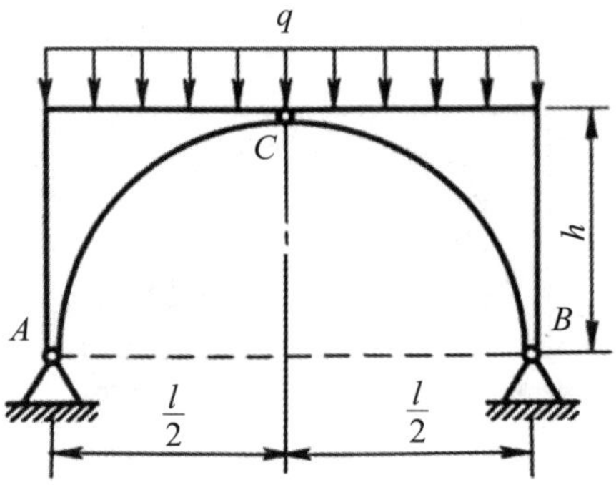

题3-33图

第3章 习 题

班级：　　　　　　学号：　　　　　　姓名：

3–34 三铰拱桥如图所示。已知：W=40 kN，F=20 kN，l=8 m，h=4 m。试求支座A、B的约束力。

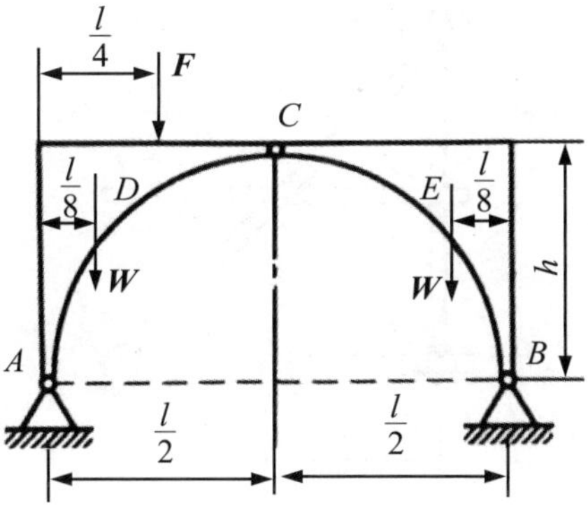

题3-34图

第3章 习 题

班级： 学号： 姓名：

3–35 结构由杆AB、AC、DE铰接而成，其尺寸及受力如图所示，不计各杆自重，试求铰链A、B、D的约束力。

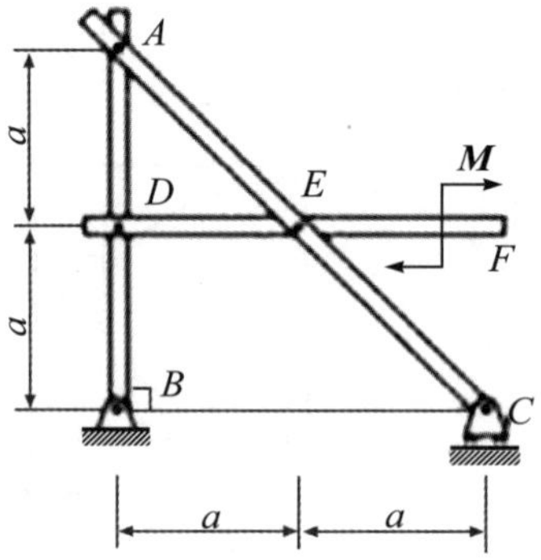

题3-35图

第4章

空间力系的简化与平衡

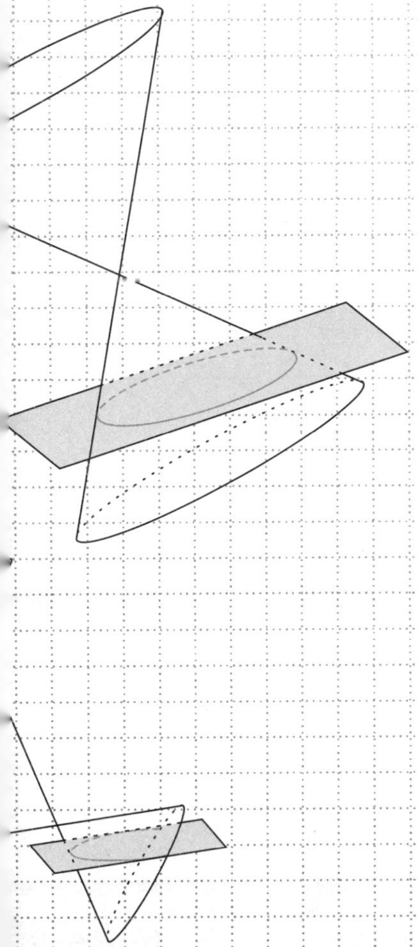

第4章 复习题

4–1 在空间，力对点之矩这个概念，除了包括力矩的_______和_______外，还应包括力的作用线与矩心所组成的平面的方位。

4–2 在空间，力对点之矩的矢量的指向按_______确定。

4–3 在空间，力对点之矩矢等于矩心到该力作用点的矢径与该力的____________。

4–4 在空间，力对轴之矩的正负号也可以用右手螺旋法则来确定，拇指指向与轴正向一致为________。

4–5 当力与轴_______时，力对该轴之矩等于零。

4–6 空间力的平移定理可表述为：作用在刚体上的一个力，可平行移至刚体中任意一指定点，但必须同时附加一力偶，其力偶矩矢等于原力对于指定点的_________。

4–7 空间任意力系向一点简化可得到一个___________和一个___________。

4–8 空间任意力系向一点简化得到的主矢与简化中心的位置___________，主矩一般与简化中心的位置___________。

4–9 空间任意力系平衡的充要条件是，各力在三个坐标轴上的投影的_______等于零，以及这些力对于每一个坐标轴的矩的代数和也等于零。

4–10 空间力偶系有_______个独立的平衡方程，可以求解_______个未知量。

4–11 空间汇交力系有_______个独立的平衡方程，可以求解_______个未知量。

4–12 空间平行力系有_______个独立的平衡方程，可以求解_______个未知量。

第4章 习 题

班级： 学号： 姓名：

4-1 在边长为a的正六面体上作用有三个力，如图所示，已知F_1=6 kN，F_2=2 kN，F_3=4 kN。试求各力在三个坐标轴上的投影。

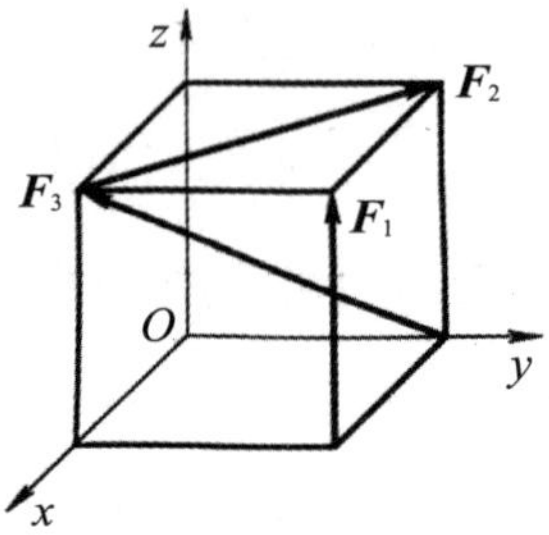

题4-1图

第4章 习 题

班级：　　　　　　学号：　　　　　　姓名：

4–2 六面体尺寸及受力情况如图所示，图中尺寸单位为mm。已知F_1=100 N，F_2=200 N，M=20 N·m。试求各力及力偶对z轴之矩的和。

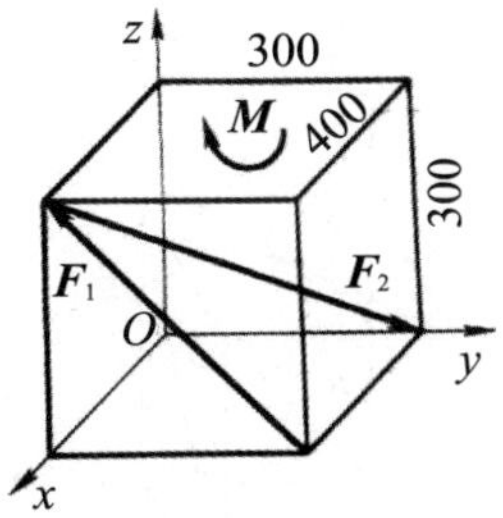

题4-2图

第4章 习 题

班级： 学号： 姓名：

4–3 长方体尺寸和受力如图所示，图中尺寸单位为mm。已知：F_1=100 N，F_2=100 N，F_3=300 N。试求：（1）各力在x、y、z轴上的投影；（2）各力对O点的矩；（3）各力对x、y、z轴的矩。

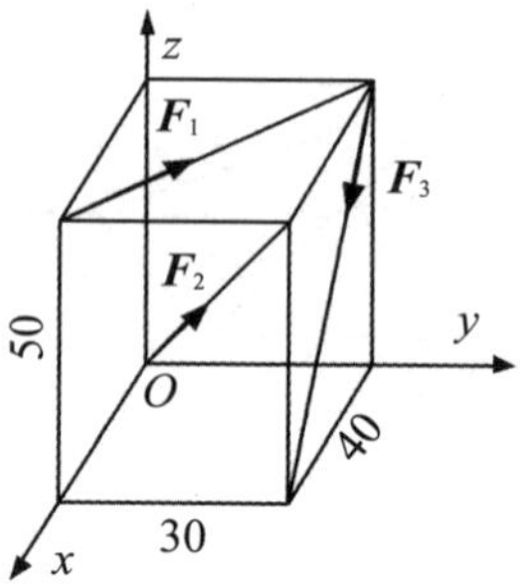

题4-3图

第4章 习 题

班级：　　　　学号：　　　　姓名：

4-4　水平轮上 A 点作用一力 F=1 kN，方向与轮面成 α=60°角，且在过 A 点与轮缘相切的铅垂面内，如图所示。点 A 与轮心 O' 的连线与通过 O' 点平行于 y 轴的直线成 β=45°角，h=r=1m。试求力 F 在三个坐标轴上的投影和对三个坐标轴之矩。

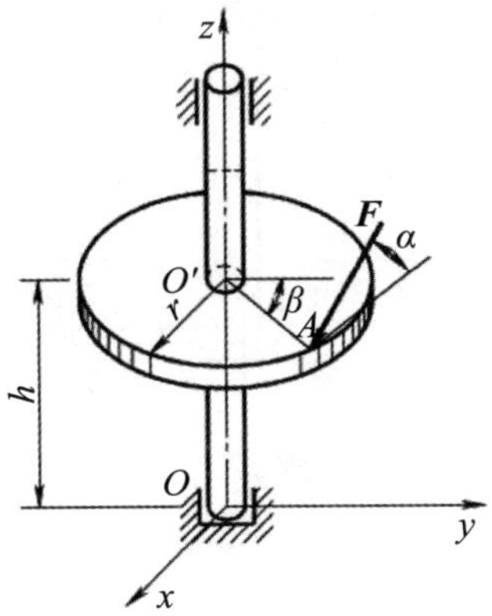

题4-4图

第4章 习 题

班级： 学号： 姓名：

4–5 曲拐手柄如图所示，已知作用于手柄上的力 F=100 N，AB=100 mm，BC=400 mm，CD=200 mm，α=30°。试求力 F 对 x、y、z 轴之矩。

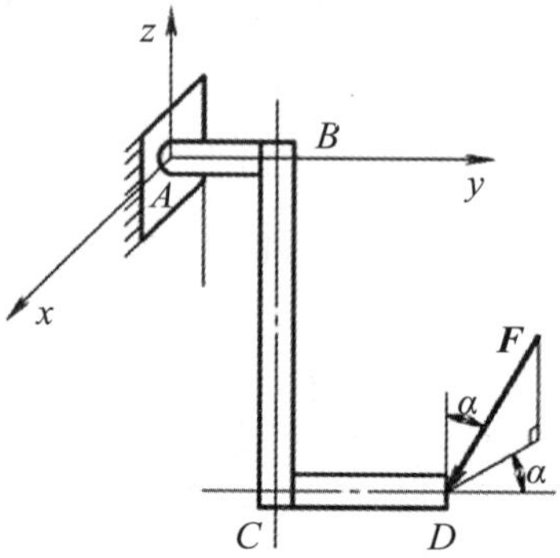

题4-5图

第4章 习 题

班级： 学号： 姓名：

4–6 长方体的顶角A和B分别作用力$\boldsymbol{F}_1$和$\boldsymbol{F}_2$，如图所示，已知F_1=500 N，F_2=700 N。试求该力系向O点简化的主矢和主矩。

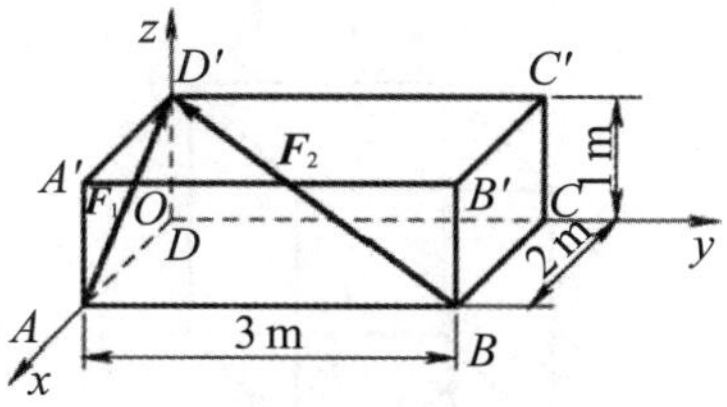

题4-6图

第4章 习 题

班级： 学号： 姓名：

4–7 边长为a的正六面体受力如图所示，已知$F_1=F_2=F_3=F_4=F$，$F_5=F_6=\sqrt{2}F$。试求此力系的简化结果。

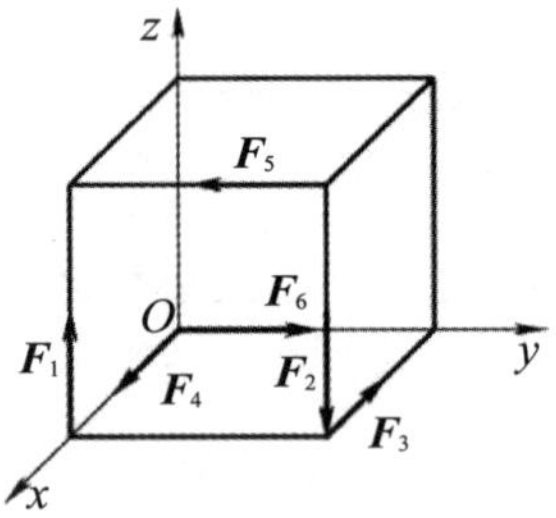

题4-7图

第4章 习 题

班级： 学号： 姓名：

4–8 边长为a的正六面体受力如图所示，已知各力大小均为F。试求此力系的简化结果。

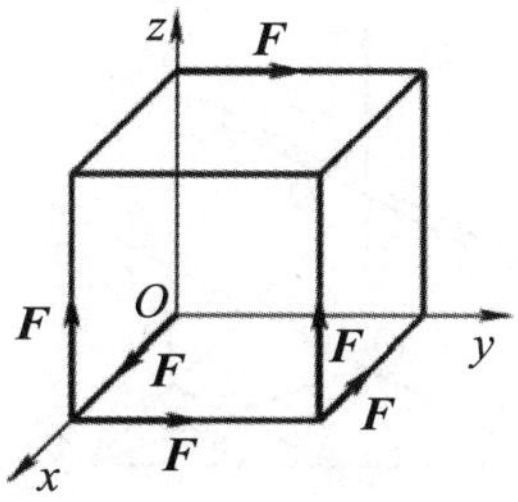

题4-8图

第4章 习 题

班级：　　　　学号：　　　　姓名：

4-9 空间承重结构由两根杆件 AB、AC 和一根绳索 AD 组成，如图所示。A、B、C 处均为光滑铰链。图示位置 AB、AC 杆处于水平位置，$\angle BAO=\angle CAO=45°$，$\angle DAO=30°$，$W=100$ N。试求 AB、AC 杆的内力和绳索 AD 的拉力。

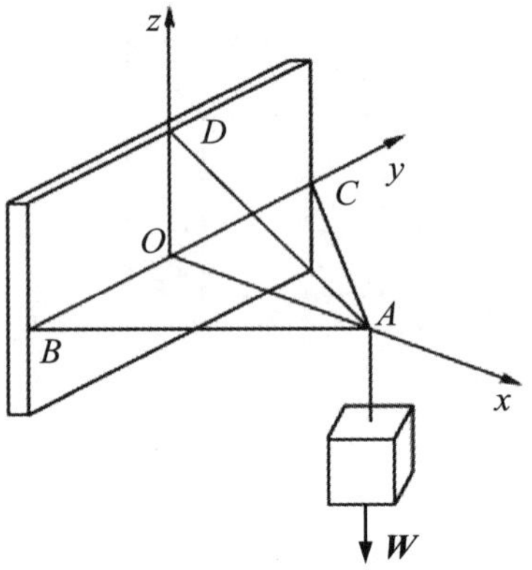

题4-9图

第4章 习 题

班级： 学号： 姓名：

4–10 悬臂刚架尺寸如图所示，刚架上作用有分别平行于x、y轴的力F_1与F_2。已知F_1=5 kN，F_2=4 kN，刚架自重不计。试求固定端O处的约束反力和约束反力偶。

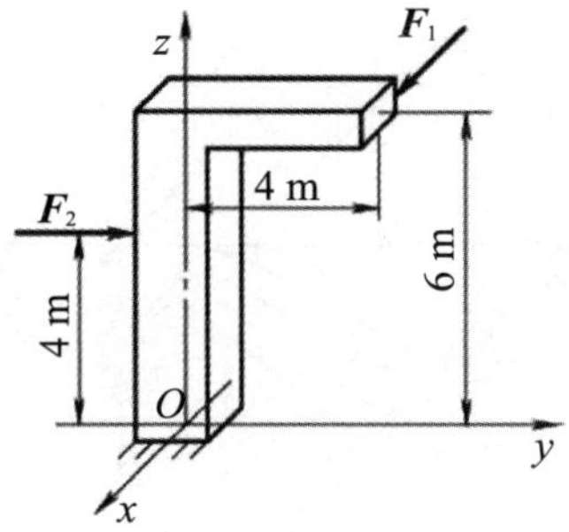

题4-10图

第4章 习 题

班级：　　　　　　学号：　　　　　　姓名：

4–11 脚踏式操纵装置尺寸如图所示，图中尺寸单位为mm。已知脚踏力F_P=300 N，试求垂直操纵杆上产生的拉力$\boldsymbol{F}$及轴承A、B处的约束力。

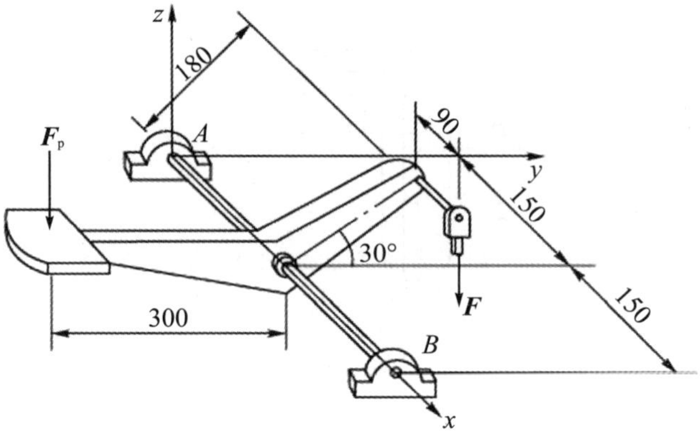

题4-11图

第4章 习 题

班级：　　　　学号：　　　　姓名：

4–12 如图所示，三脚圆桌的半径r=500 mm，重W=600 N，圆桌的三脚A、B和C构成一个等边三角形。若在中线CD上距圆心为a的点M处作用铅垂力F=1 500 N，试求使圆桌不致翻倒的最大距离a。

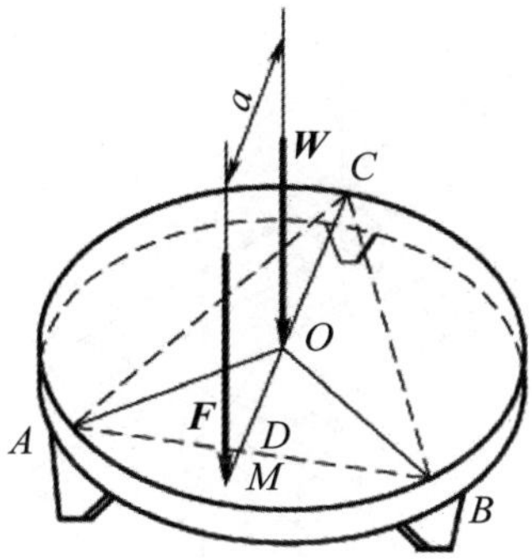

题4-12图

第4章 习 题

班级：　　　　　　学号：　　　　　　姓名：

4–13 如图所示，已知车刀杆刀头上受切削力 F_z=500 N、径向力 F_x=150 N、轴向力 F_y=75 N，刀尖位于 Oxy 平面内，工件直径为 150 mm，刀尖距 x 轴距离为 200 mm。工件重量不计。试求被切削工件左端 O 处的约束力。

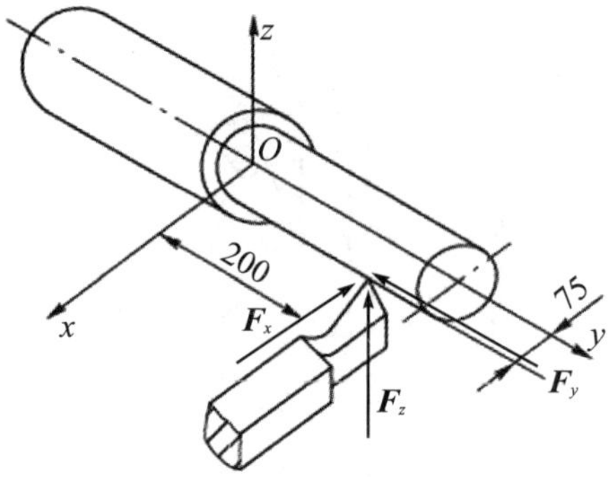

题4-13图

第4章 习 题

班级： 学号： 姓名：

4–14 如图所示，水平轴上装有两个带轮 C 和 D，轮的半径 r_1=20 cm、r_2=25 cm，轮 C 的胶带是水平的，其拉力 $F_1=2F_2$=5 000 N，轮 D 的胶带与铅垂线成30°角，其拉力 $F_3=2F_4$，$a=b$=150 mm，c=300 mm，不计轮、轴的重量。试求在平衡状态下拉力 $\boldsymbol{F}_3$、$\boldsymbol{F}_4$ 的大小和轴承的约束力。

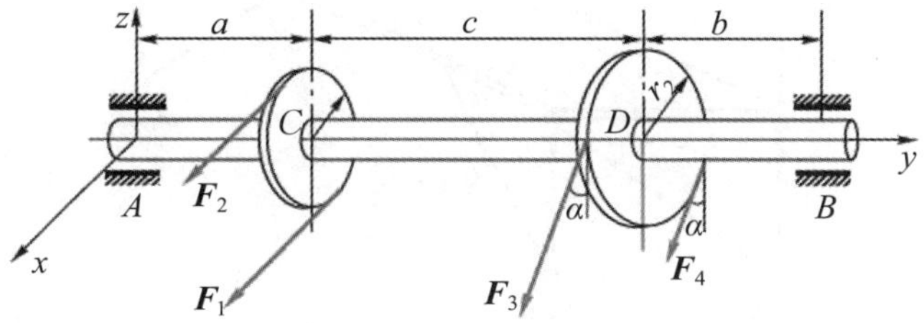

题4-14图

第4章 习 题

班级： 学号： 姓名：

4–15 水平板用六根支杆支撑，如图所示，板的一角受铅垂力F的作用，不计板和杆的自重，试求各杆的受力。

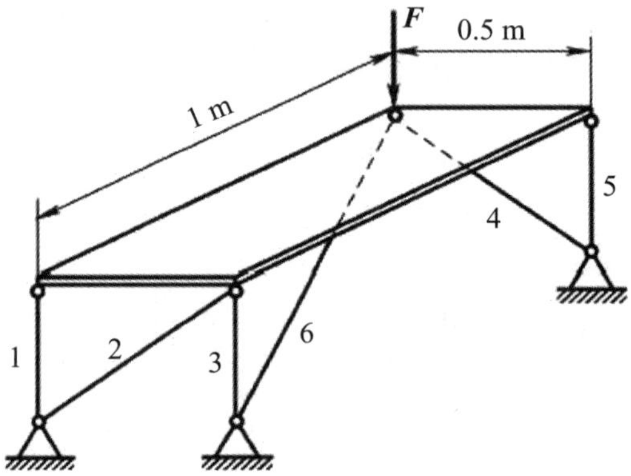

题4-15图

第4章 习 题

班级： 学号： 姓名：

4–16 正三角形板ABC用六根杆支撑在水平面内，如图所示，其中三根斜杆与水平面成30°角，板面内作用一力偶矩为$\boldsymbol{M}$的力偶。不计板、杆自重，试求各杆的受力。

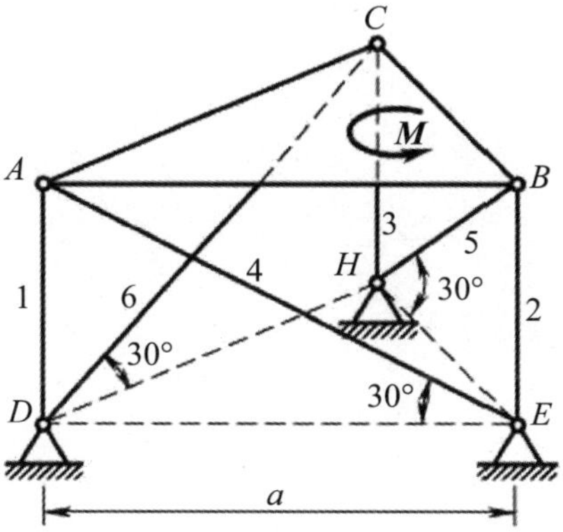

题4-16图

第5章

材料力学基础

第5章 复习题

5-1 构件安全必须具备__________、__________、__________等三方面的要求。

5-2 __________是指构件抵抗破坏的能力。

5-3 __________是指构件抵抗变形的能力。

5-4 __________是指构件保持原有平衡形态的能力。

5-5 材料力学研究对象为__________。

5-6 可变性固体的基本假设包括：__________、__________、__________。

5-7 __________认为组成固体的物质毫无空隙地充满了整个固体的体积。

5-8 __________认为固体内各点处具有相同的力学性能。

5-9 __________认为固体材料在各个不同方向的力学性能相同。

5-10 在材料力学中，当构件的变形与其原始尺寸相比甚小时，称之为_____。

5-11 材料在外力作用下发生的变形，若外力解除后又可恢复原状，这种变形称为________。

5-12 材料在外力作用下发生的变形，若外力解除后只能部分复原，而遗留下一部分不能消失的变形称为_____。

5-13 杆件的两个主要几何要素是__________和__________。

5-14 杆件变形基本形式包括_________、_________、_________、_________。

5-15 当杆件两端受沿轴线方向的拉力或压力作用时，杆件的变形形式为________。

5-16 在平行于杆横截面的两个相距很近的平面内，方向相对地作用着两个垂直于轴线的横向力，当这两个力相互错动并保持二者之间的距离不变时，杆件将产生________。

5-17 当作用在杆件上的力组成作用在垂直于轴平面内的力偶时，杆件将产生______。

5-18 当外加力偶或外力作用于杆件的纵向平面内时，杆件将发生_______。

5-19 由两种或两种以上基本变形的组合情况称为_______。

5-20 由于受外力作用而引起的相互作用力的改变量称为_______。

5-21 当研究某一构件时，可以设想将这一构件从周围物体中单独取出，并用力来代替周围物体对构件的作用。这些来自构件外部的力就是__________。

第5章 复习题

5-22 截面上任一点的应力分量有________与________。

5-23 正应力以________为正，________为负。

5-24 切应力以对体内取矩________转向为正，________转向为负。

5-25 正应变以________为正，________为负。

5-26 切应变以直角________为正，________为负。

5-27 正应变与切应变都是纲量为________的量。

5-28 应力的单位是________。

第6章

轴向拉伸与压缩

第6章 复习题

6-1 工程实际中，通常将承受轴向拉伸的杆件称为__________，承受轴向压缩的杆件称为__________。

6-2 材料力学中常用的求解内力的基本方法称为____________，其基本步骤包括____________、____________、____________。

6-3 当轴力的指向与横截面的外法线方向________时为拉力，取正号；当轴力的指向与横截面的外法线方向________时为压力，取负号。

6-4 轴力图横坐标表示_________；纵坐标表示__________。

6-5 轴力图中，通常正值的轴力画在_______，负值画在_______。

6-6 轴力只是杆横截面上分布内力系的_______。

6-7 杆件截面上内力的分布集度称为________。

6-8 变形前为平面的横截面，变形后仍为平面，该假设称为______。

6-9 由于杆端外力的作用方式不同，将会对杆端附近各截面的应力分布产生影响，而对远离杆端的各个截面，应力分布几乎相同，这一规律称为______。

6-10 单位长度的变形量（伸长或缩短），称为______。

6-11 __________表征材料抵抗弹性变形的能力。

6-12 EA为杆的_______，表征了杆件抵抗轴向拉伸（压缩）变形的能力。

6-13 横向线应变与轴向线应变之比称为______。

6-14 材料的力学性能主要是指材料在外力作用下在______和______方面表现出来的特性。

6-15 低碳钢拉伸时经历的四个阶段包括_______、_______、_______、_______。

6-16 线弹性段表示应力和应变成线性关系，即材料服从______。

6-17 线弹性段的最大应力称为______。

6-18 进入屈服阶段后试样表面会出现与轴线大致成45°的条纹，这是由材料沿试样的最大切应力面发生滑移引起的，称为______。

第6章 复习题

6–19 在屈服阶段内最高点的应力和最低点的应力分别称为______和______。

6–20 通常将______称为材料的屈服强度或屈服极限。

6–21 低碳钢拉伸实验中，其屈服阶段呈现出应力______，应变______的现象。

6–22 在常温下，将材料拉伸到强化阶段，卸载后重新加载，材料的比例极限提高而塑性降低的现象称为______。

6–23 强化阶段以后，在试样的某一局部范围内，横向尺寸突然急剧缩小，形成________。

6–24 工程中用试样拉断后的______和 ______来衡量材料的塑性性能。

6–25 工程上通常按材料的断后伸长率的大小把材料分成两大类：将______的材料称为塑性材料，将______的材料称为脆性材料。

6–26 对于没有明显屈服阶段的塑性材料，通常将 ______作为材料的屈服强度。

6–27 通常取铸铁总应变为0.1%时的割线斜率作为材料的弹性模量，称为______。

6–28 衡量脆性材料强度的唯一指标是______。

6–29 脆性材料在断裂前的变形较小，其压缩强度极限______拉伸强度极限，一般作为 ______构件使用。

6–30 构件强度计算时，塑性材料以______作为极限应力，脆性材料以______作为极限应力。

6–31 在外力作用下，弹性体形状或截面尺寸发生突变的局部范围内，应力数值急剧增大，这种现象称为______。

6–32 截面尺寸改变得越急剧、角越尖、孔越小，应力集中的程度就越______。

第6章 习　题

班级：　　　　　　学号：　　　　　　姓名：

6-1　用截面法求如图所示杆件各截面上的轴力。

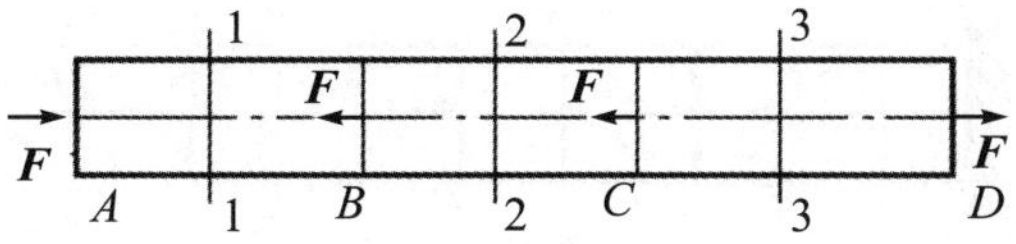

题6-1图

第6章 习题

班级：　　　　学号：　　　　姓名：

6-2　用截面法求如图所示杆件各截面上的轴力。

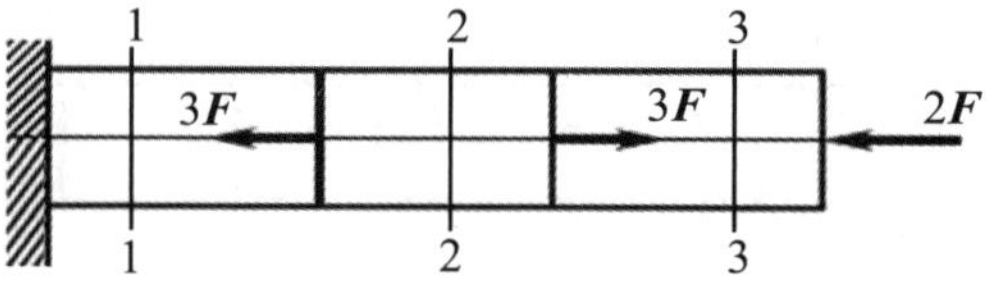

题6-2图

第6章 习 题

班级： 学号： 姓名：

6–3 用截面法求如图所示杆件各截面上的轴力。

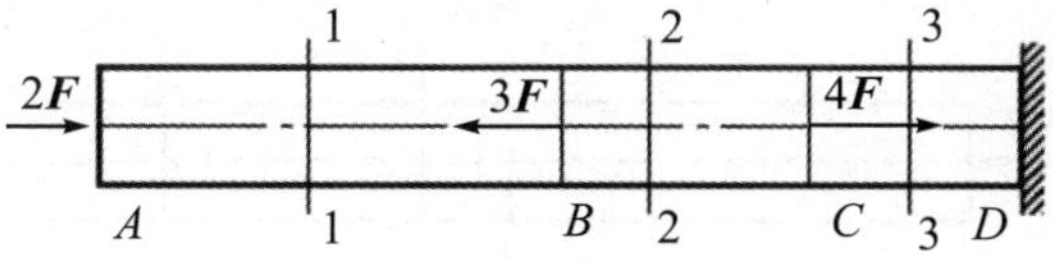

题6-3图

第6章 习 题

班级：　　　　学号：　　　　姓名：

6-4 用截面法求如图所示杆件各截面上的轴力，并画出杆件的轴力图。

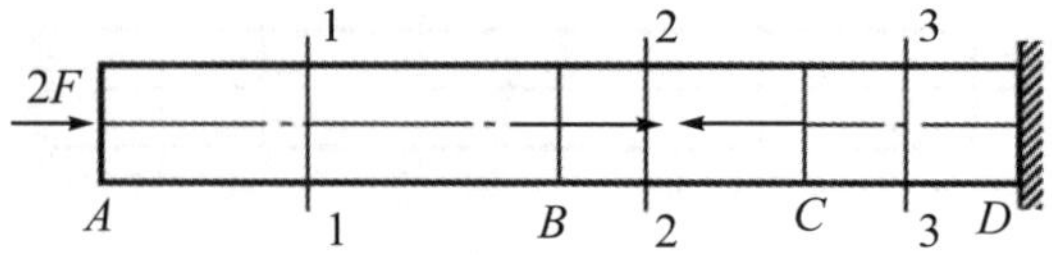

题6-4图

第6章 习 题

班级： 学号： 姓名：

6–5 用试画出如图所示杆件的轴力图。

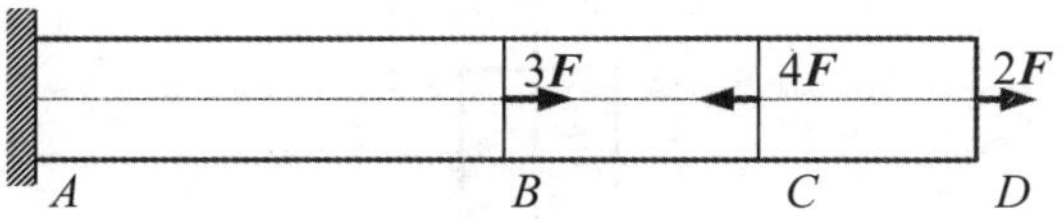

题 6-5 图

第6章 习 题

班级： 学号： 姓名：

6–6 用试画出如图所示杆件的轴力图。

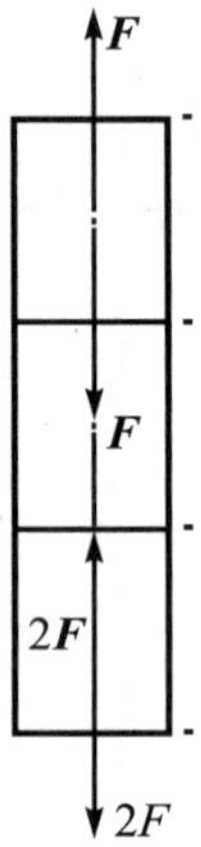

题6-6图

第6章 习 题

班级：　　　　　　学号：　　　　　　姓名：

6–7　直杆受力如图所示。如果横截面面积A=500 mm²，试作杆件的轴力图，并求各横截面上的应力。

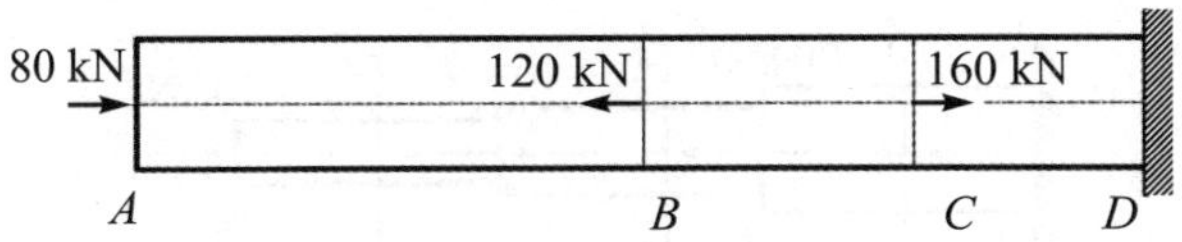

题6-7图

第6章 习 题

班级： 学号： 姓名：

6–8 阶梯状直杆的受力如图所示。如果横截面面积 A_1=400 mm²，A_2=300 mm²，A_3=200 mm²，试作杆件的轴力图，并求各指定横截面上的应力。

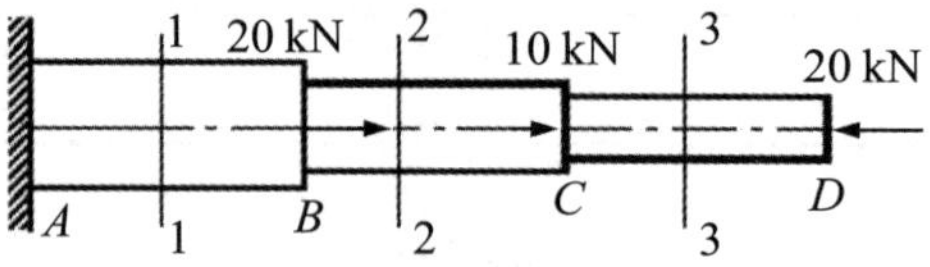

题6-8图

第6章 习题

班级： 学号： 姓名：

6–9 阶梯状直杆的受力如图所示。如果横截面面积A_1=200 mm^2，A_2=300 mm^2，A_3=400 mm^2，试作杆件的轴力图，并求各指定横截面上的应力。

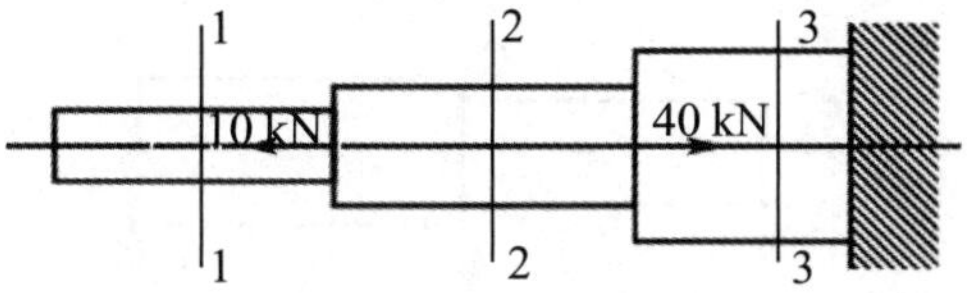

题6-9图

第6章 习 题

班级：　　　　　　学号：　　　　　　姓名：

6–10 阶梯形圆截面杆 AC 承受轴向载荷 $\boldsymbol{F}_1$ 和 $\boldsymbol{F}_2$ 作用，如图所示。已知 F_1=50 kN，AB 与 BC 段的直径分别为 d_1=20 mm，d_2=30 mm，若欲使 AB 与 BC 段横截面上的正应力相同，试求载荷 $\boldsymbol{F}_2$ 的值。

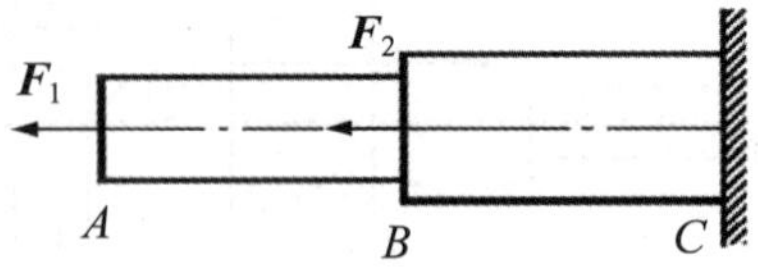

题6-10图

第6章 习题

班级： 学号： 姓名：

6–11 如图所示，一块厚10 mm、宽200 mm的钢板，其截面被直径d=20 mm的圆孔所削弱，圆孔的排列对称于杆的轴线。钢板承受轴向拉力F=200 kN。试求钢板内的最大应力。

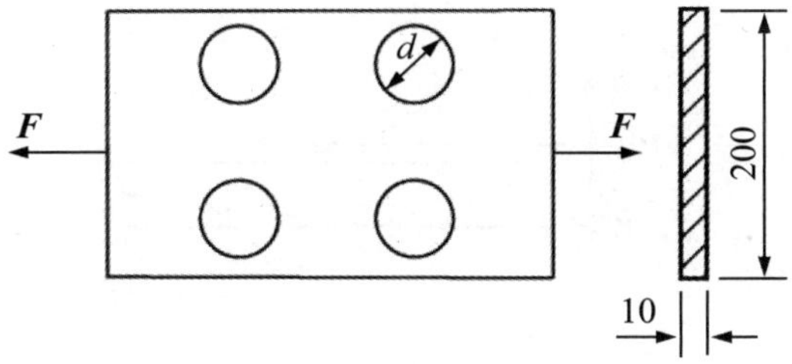

题6-11图

第6章 习 题

班级： 学号： 姓名：

6–12 结构尺寸及受力如图所示，钢杆 *CD* 直径为 20 mm，用来拉住刚性梁 *AB*。已知 F=10 kN，试求钢杆横截面上的正应力。

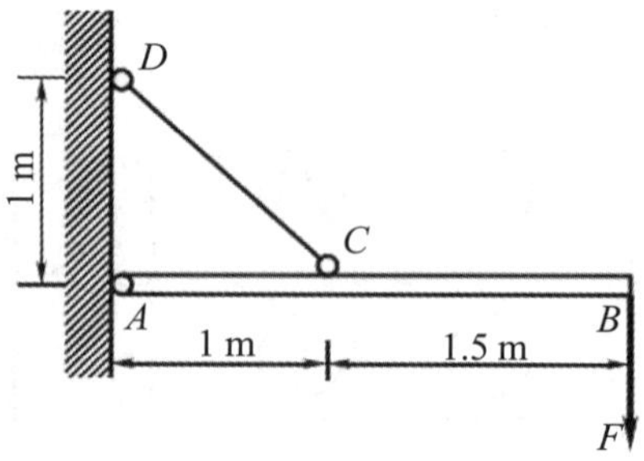

题 6-12 图

第6章 习 题

班级：　　　　学号：　　　　姓名：

6–13 直杆AD的尺寸及受力如图所示。已知F=5 kN，钢质圆杆的直径10 mm，弹性模量E=210 GPa。试作杆的轴力图，并求杆横截面上的最大应力和杆的总伸长。

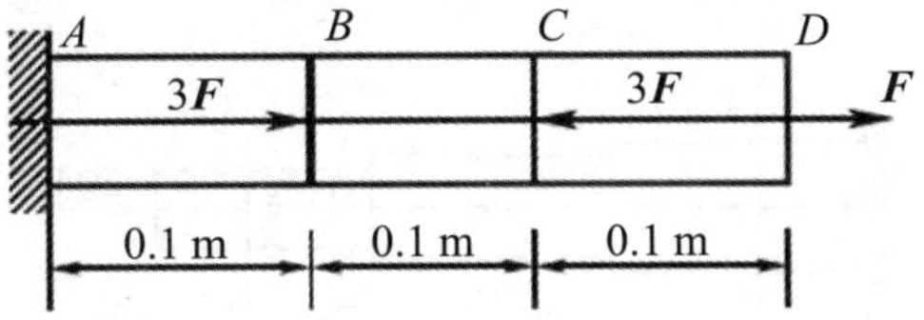

题6-13图

第6章 习 题

班级： 学号： 姓名：

6–14 阶梯状直杆的受力如图所示。如果图中 a=1 m，横截面面积 A_1=200 mm^2，A_2=300 mm^2，A_3=400 mm^2，材料的弹性模量 E=200 GPa。试作杆的轴力图，并求各指定横截面上的应力和杆的总伸长量。

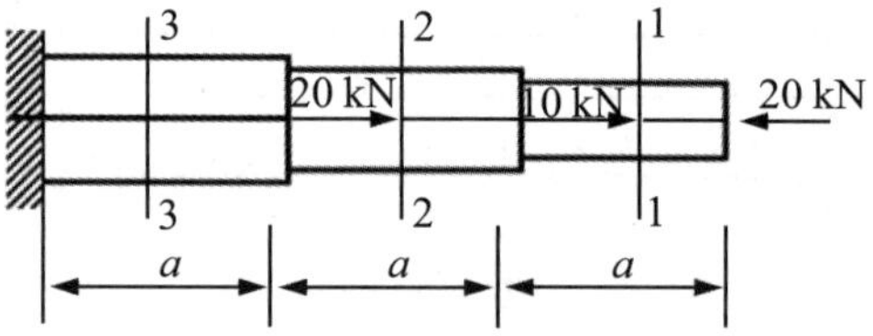

题6-14图

第6章 习 题

班级： 学号： 姓名：

6–15 阶梯状直杆的受力如图所示。如果图中 AB、BC 和 CD 段的杆长均为 1 m，横截面面积分别为 A_1=400 mm²，A_2=300 mm²，A_3=200 mm²，材料的弹性模量 E=200 GPa。试作杆的轴力图，求各指定横截面上的应力。若规定该直杆的变形不能超过 1 mm，试校核杆的刚度。

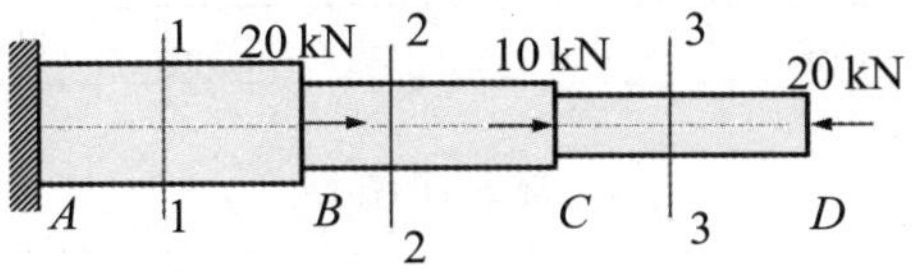

题 6-15 图

第6章 习 题

班级：　　　　学号：　　　　姓名：

6–16 某圆截面直杆的尺寸及受力如图所示。已知杆件的直径为100 mm，材料的弹性模量E=200 GPa，不计杆的自重。试作杆的轴力图，并求杆上的最大工作应力及杆件的总变形。

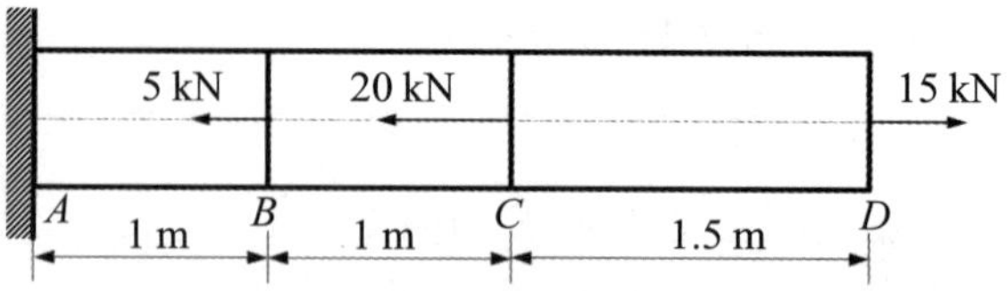

题6-16图

第6章 习 题

班级： 学号： 姓名：

6–17 杆件尺寸及受力如图所示。已知杆横截面面积为1 000 mm^2，材料的弹性模量E=200 GPa，不计自重。试作杆的轴力图，并求杆上的最大工作应力及杆件的总变形。

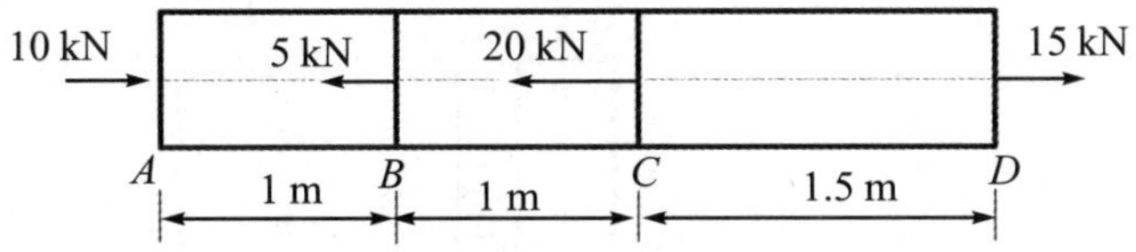

题6-17图

第6章 习 题

班级： 学号： 姓名：

6-18 一木柱尺寸及受力如图所示。柱的横截面为边长200 mm的正方形，材料弹性模量E=10 GPa，不计自重。试作木柱的轴力图，并求柱上的最大工作应力及木柱的总变形。

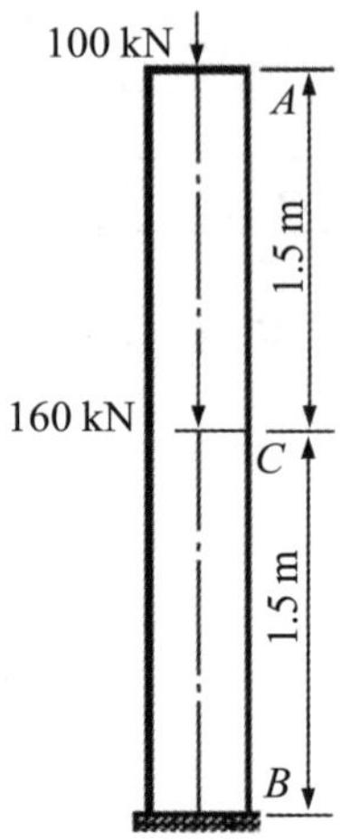

题6-18图

第6章 习 题

班级：　　　　学号：　　　　姓名：

6–19 正方形横截面砖柱尺寸及受力情况如图所示，图中尺寸单位为mm。已知F=50 kN，材料弹性模量E=5 GPa，不计自重。画轴力图，计算荷载引起的最大工作应力及砖柱的变形。

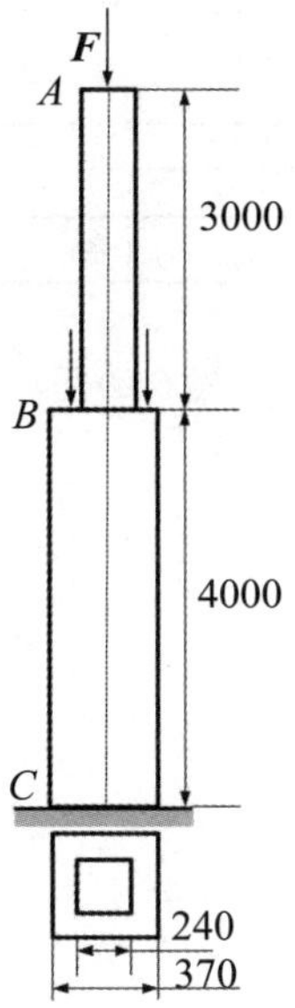

题6-19图

第6章 习 题

班级：　　　　学号：　　　　姓名：

6–20 某变截面钢杆如图所示，Ⅰ段的截面是直径为20 mm的圆截面，Ⅱ段的截面是边长为25 mm的正方形截面，Ⅲ段的截面是直径为12 mm的圆截面。已知材料的弹性模量E=210 GPa，杆在力$\boldsymbol{F}$的作用下在Ⅱ段产生的正应力为30 MPa，试求该杆在力$\boldsymbol{F}$的作用下的总变形量。

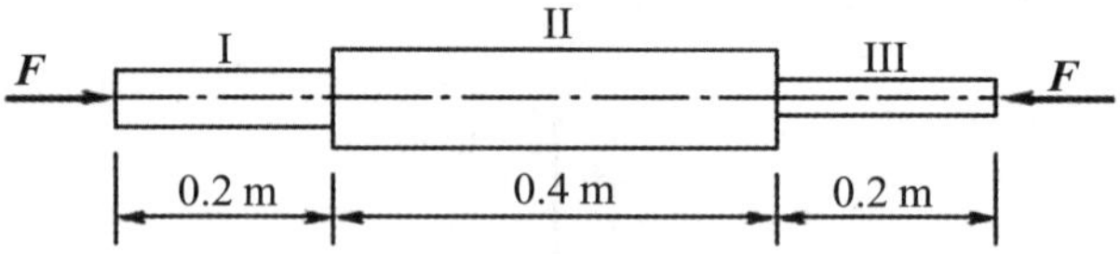

题6-20图

第6章 习题

班级：　　　　学号：　　　　姓名：

6-21 某阶梯状立柱如图所示，上部为钢质，高200 mm，截面是边长为100 mm的正方形，钢的弹性模量E=200 GPa；下部为铝质，高300 mm，截面是边长为200 mm的正方形，铝的弹性模量E=70 GPa。当柱体顶部受力$\boldsymbol{F}$作用时，柱子的总高度减少了0.04 mm，试求柱顶的受力$\boldsymbol{F}$的大小。

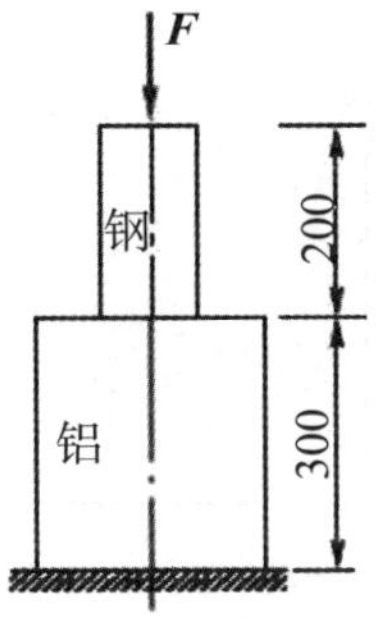

题6-21图

第6章 习 题

班级：　　　　学号：　　　　姓名：

6–22　结构如图所示，已知杆CG为刚体，BC为铜杆，长度为l_1，面积为A_1，弹性模量为E_1；DG为钢杆，长度为l_2，面积为A_2，弹性模量为E_2。如要求CG始终保持为水平位置，试求x。

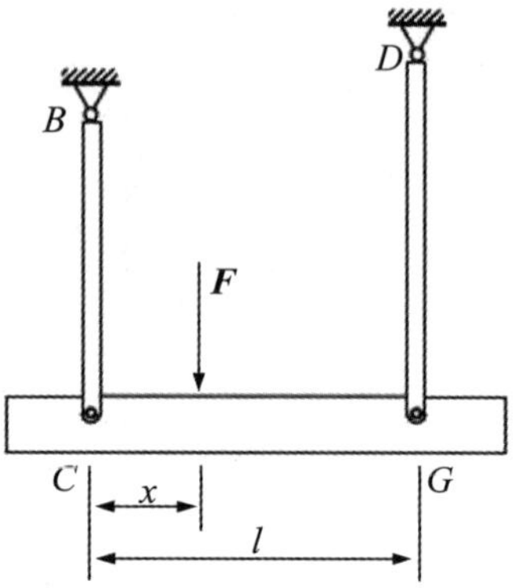

题6-22图

第6章 习 题

班级： 学号： 姓名：

6-23 结构如图所示，作用在刚性杆 AB 上的铅垂载荷 $\boldsymbol{F}$ 可以移动，其位置用 x 表示，杆1和杆2横截面面积相同，弹性模量分别为 $E_1=E$，$E_2=2E$。试求：(1) 欲使杆1和杆2轴向伸长量相等，x 应为多少？(2) 欲使杆1和杆2轴向线应变相等，x 应为多少？

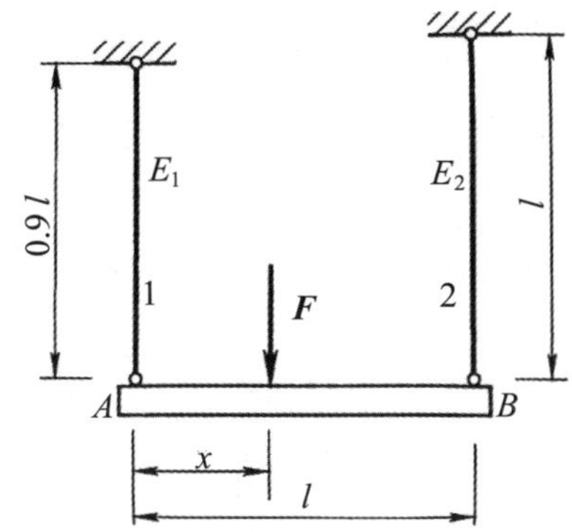

题6-23图

第6章 习 题

班级： 学号： 姓名：

6–24 一直径为 d=12 mm的圆截面杆，在轴向拉力 $\boldsymbol{F}$ 作用下，直径减小0.002 5 mm。如材料的弹性模量 E=200 GPa，泊松比 ν=0.27。试求轴向拉力 F。

第6章 习题

班级：　　　　学号：　　　　姓名：

6–25 一直径为15 mm、标距为200 mm的合金钢杆，在线弹性范围内进行拉伸，当载荷从零缓慢增加到58.4 kN时，杆长增加了0.9 mm，直径减小0.022 mm。试求材料的弹性模量和泊松比。

第6章 习 题

班级： 学号： 姓名：

6–26 一直径为d=10 mm的试样，材料不详，已知标距l_0=50 mm，拉伸断裂后，两标点间的长度l_1=63.2 mm，颈缩处的直径d_1=5.9 mm，试求材料的延伸率与断面收缩率，并判断材料是脆性材料还是塑性材料。

第6章 习 题

班级：　　　　　　学号：　　　　　　姓名：

6–27 某标准试件标距为100 mm，材料不详，其轴向拉伸实验得到的应力-应变曲线如图所示，图中各点坐标为：$A(88\times10^{-4}, 240\text{ MPa})$，$B(1776\times10^{-4}, 380\text{ MPa})$，$C(9\times10^{-4}, 180\text{ MPa})$。（1）试求材料的弹性模量；（2）若试样的断后标矩为126. 5 mm，求延伸率，并判断材料是脆性材料还是塑性材料。

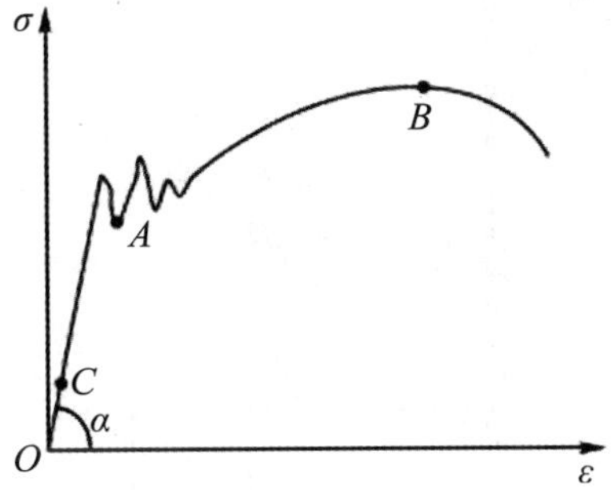

题6-27图

第6章 习 题

班级：　　　　学号：　　　　姓名：

6-28 某简易起重设备如图所示。已知斜杆 AB 用两根不等边角钢∠63×40×4组成，每根角钢的截面积为 A=4.058 cm²，若钢的许用应力[σ]=170 MPa，问：当这个起重设备在提起重量为 W=15 kN的重物时，斜杆 AB 上的最大工作应力是多大？是否满足强度条件？

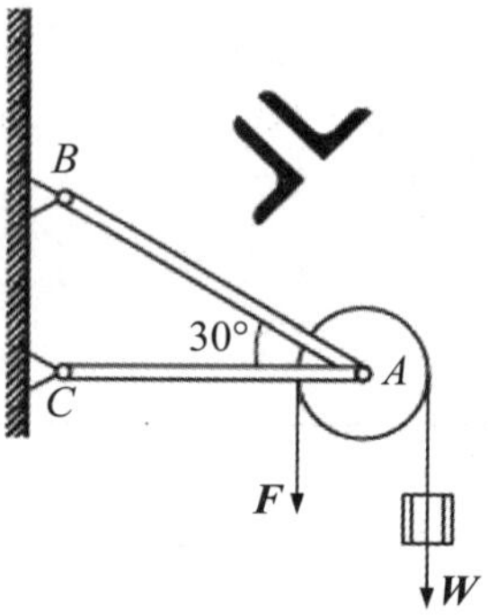

题6-27图

第6章 习 题

班级：　　　　学号：　　　　姓名：

6–29 用绳索吊运一重物，如图6-28所示。已知重物W=20 kN，绳索的横截面面积A=1 260 mm²，许用应力[σ]=10 MPa，试问：（1）当θ=45°时，绳索强度是否够用？（2）若θ=60°，再次校核绳索的强度。

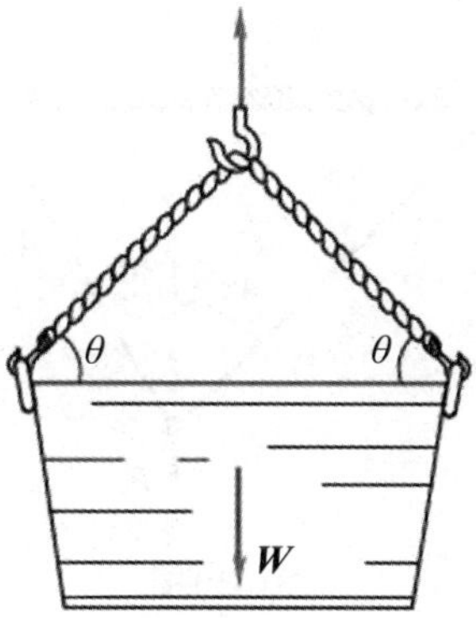

题6-29图

第6章 习 题

班级： 学号： 姓名：

6–30 桁架如图所示，受铅垂载荷F=20 kN作用，杆1和杆2的横截面均为圆形，其直径分别为d_1=15 mm，d_2=20 mm，材料的许用应力均为[σ]=150 MPa。试求两杆的最大工作应力，并校核桁架的强度。

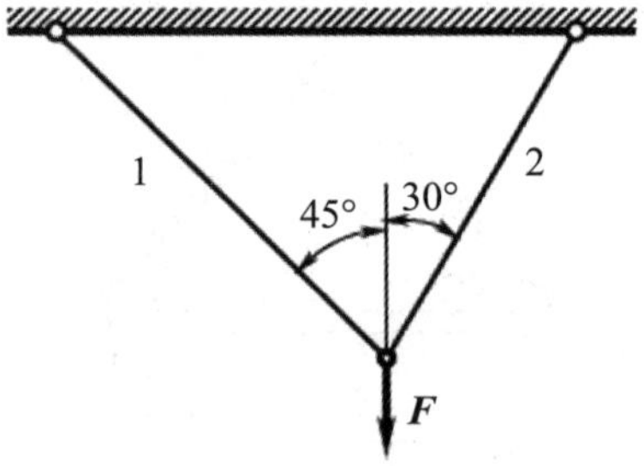

题6-30图

第6章 习题

班级： 学号： 姓名：

6-31 某平面闸门受力如图所示，闸门可以用两根钢索进行提升，已知闸门开启时需要60 kN的力，若钢索材料的许用拉应力$[\sigma]$=160 MPa，试计算钢索的横截面面积。若钢索由一组直径为2 mm的钢丝组成，至少需要几根钢丝构成钢索才能提升闸门？

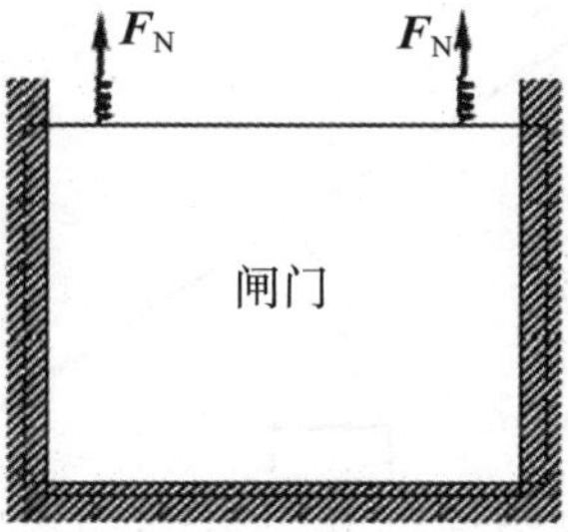

题6-31图

第6章 习 题

班级：　　　　　学号：　　　　　姓名：

6–32 结构如图所示，钢索 BC 由一组直径 d=2 mm 的钢丝组成。若钢丝的许用应力 $[\sigma]$=160 MPa，梁 AC 自重 W=3 kN，小车承载 F=10 kN，且小车可以在梁上自由移动，则钢索至少需几根钢丝组成？

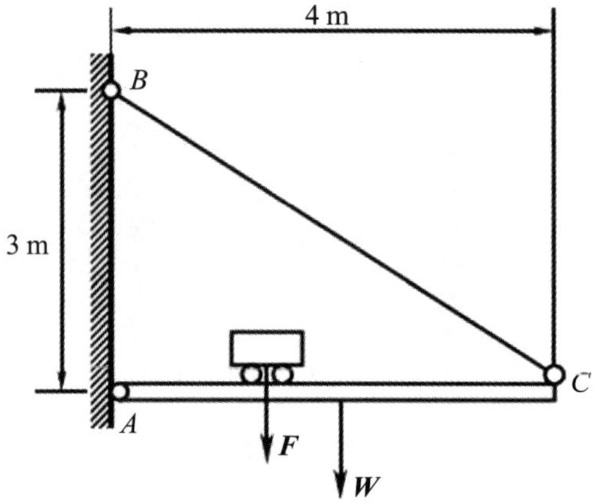

题 6-32 图

第6章 习 题

班级： 学号： 姓名：

6–33 结构如图所示，杆 *AB* 为刚性杆，*CD* 为圆截面杆。已知 *CD* 杆材料的许用应力为 $[\sigma]=160$ MPa，载荷 $F_1=5$ kN，$F_2=10$ kN，试选择杆 *CD* 的直径 *d*。

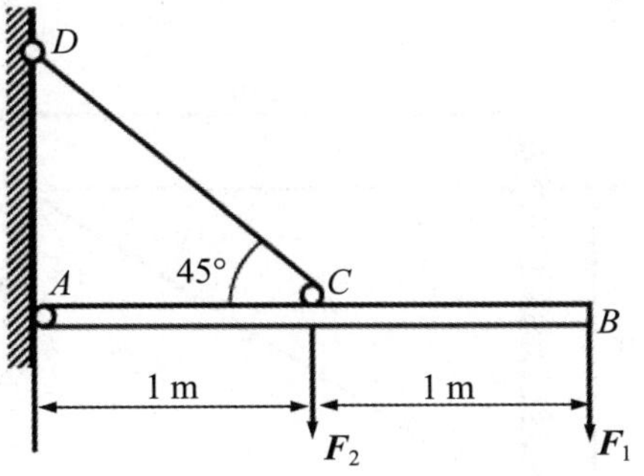

题 6-33 图

第6章 习 题

班级： 学号： 姓名：

6–34 托架如图所示，AC是圆钢杆，许用应力$[\sigma_1]$=160 MPa。BC是方木杆，许用压应力$[\sigma_2]$=4 MPa，C处的铅垂载荷F=60 kN。试选定钢杆直径d及木杆方截面边长b。

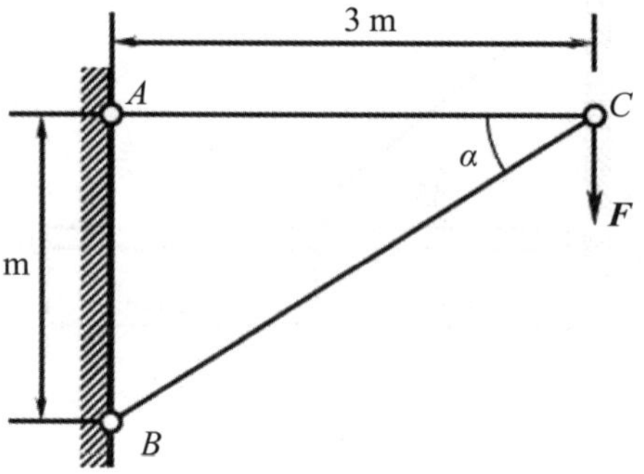

题6-34图

第6章 习 题

班级： 学号： 姓名：

6–35 某杆系结构由刚性横梁 AB 与杆 1、杆 2 组成，受力如图所示，已知杆 1 为铜杆，许用应力$[\sigma_1]$=120 MPa，横截面面积为 A_1=100 mm²；杆 2 为钢杆，许用应力$[\sigma_2]$=160 MPa，横截面面积为 A_2=200 mm²。试求作用在横梁上的许可载荷。

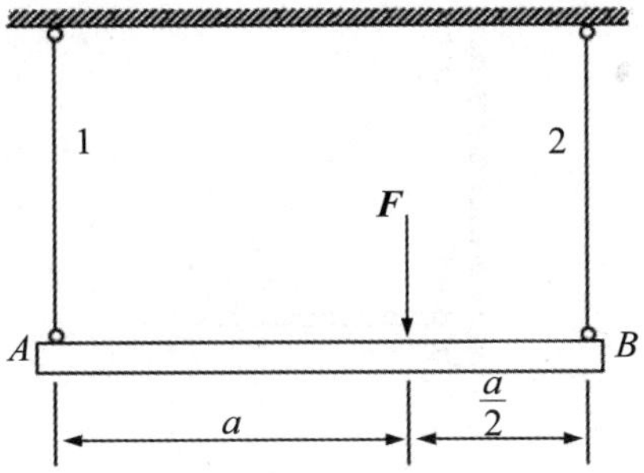

题 6-35 图

第6章 习题

班级：　　　　学号：　　　　姓名：

6–36 杆系结构由杆*AB*与杆*AC*组成，如图所示，在节点*A*承受集中载荷$\boldsymbol{F}$作用，已知杆*AB*与杆*AC*的横截面面积均为A=200 mm^2，许用拉应力$[\sigma_t]$=200 MPa，许用压应力$[\sigma_c]$=150 MPa。试求许可载荷。

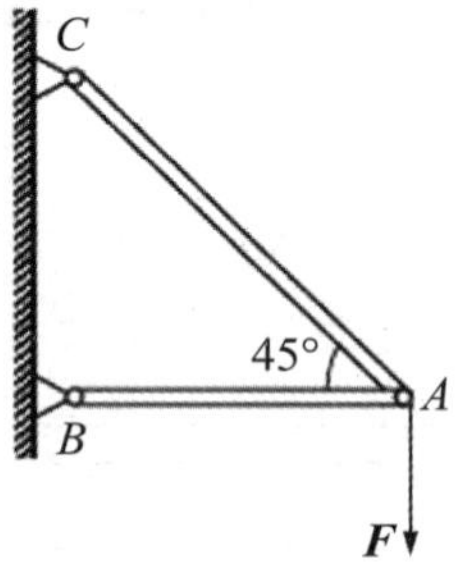

题6-36图

第6章 习 题

班级： 学号： 姓名：

6–37 一空心圆截面杆，内径d=15 mm，承受轴向压力F=20 kN作用，已知材料的屈服应力σ_s =240 MPa，安全因数n_s=1.6。试求杆的外径D。

第6章 习 题

班级： 学号： 姓名：

6-38 某结构中有一根承受轴向拉力的杆件，设计采用直径为21 mm的Q274钢，但由于仓库缺少该材料，拟采用Q235钢替代。现仓库中库存的Q235钢有直径为21 mm、23 mm、25 mm等几种规格。已知Q235钢的屈服极限为235MPa，Q274钢的屈服极限为274MPa。在安全因素相同的条件下，试选择可用于替代原设计方案的Q235钢的直径。

第6章 习 题

班级： 学号： 姓名：

6–39 阶梯状直杆的受力如图所示。图中AB、BC和CD段的杆长均为1 m，横截面面积A_{AB}=400 mm²，A_{BC}=300 mm²，A_{CD}=200 mm²，材料的弹性模量E=200 GPa。已知材料的许用正应力[σ]=200 MPa，且该直杆的变形不能超过1 mm，试校核杆的强度和刚度。

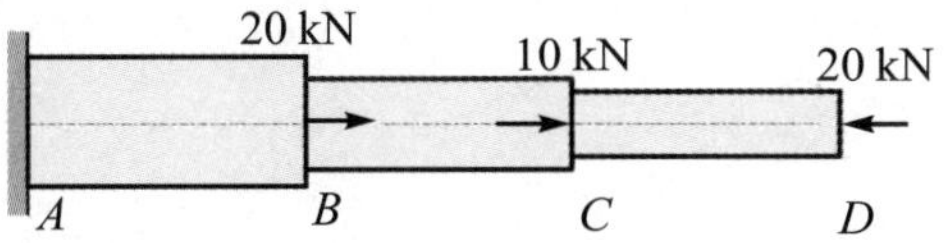

题6-39图

第7章

剪切与挤压

第7章 复习题

7-1 在连接部位起连接作用的部件称为__________。

7-2 剪切变形中发生相对错动的截面称为__________。

7-3 连接件和被连接件在其相互接触的表面上，将发生彼此间的局部承压现象，这种变形称为__________。

7-4 发生相互挤压现象的截面称为__________。

7-5 挤压面面积是指挤压接触面在垂直于挤压方向的__________。

7-6 在剪切实用计算中，假定切应力在剪切面上是__________。

7-7 在挤压实用计算中，假定挤压应力在挤压面上是__________。

第7章 习 题

班级：　　　　学号：　　　　姓名：

7-1 连接件装置如图所示，试根据标注尺寸写出连接件上剪切面积和挤压面积的表达式。

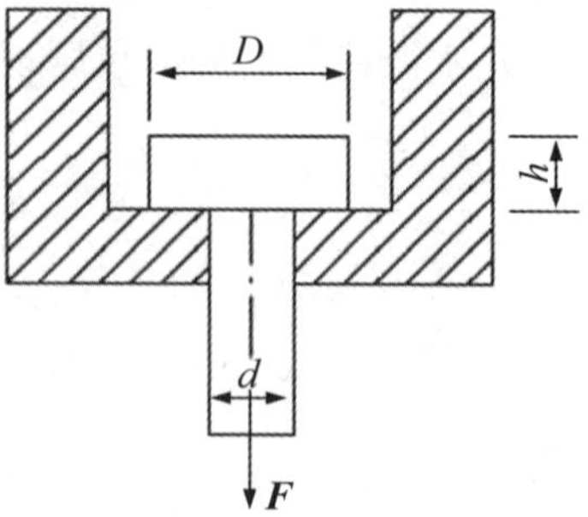

（a）

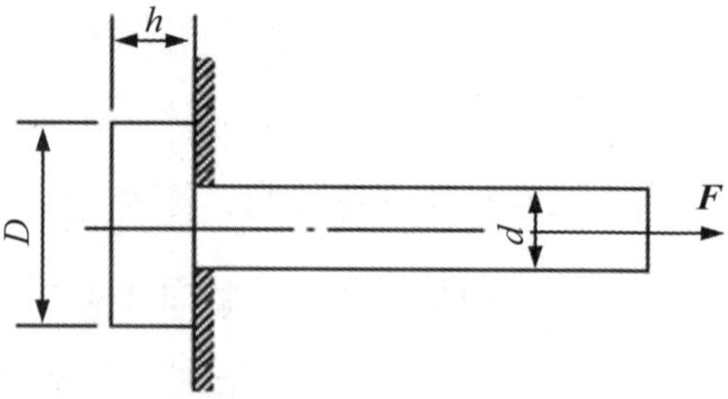

（b）

题7-1图

第7章 习 题

班级： 学号： 姓名：

7–2 连接件装置如图所示，试根据标注尺寸写出连接件上剪切面积和挤压面积的表达式。

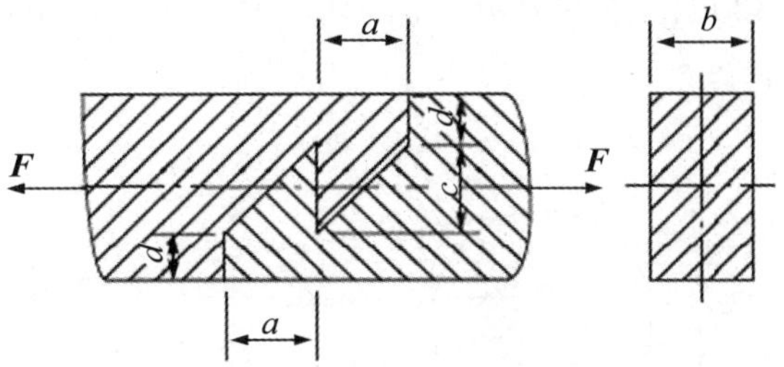

（a）

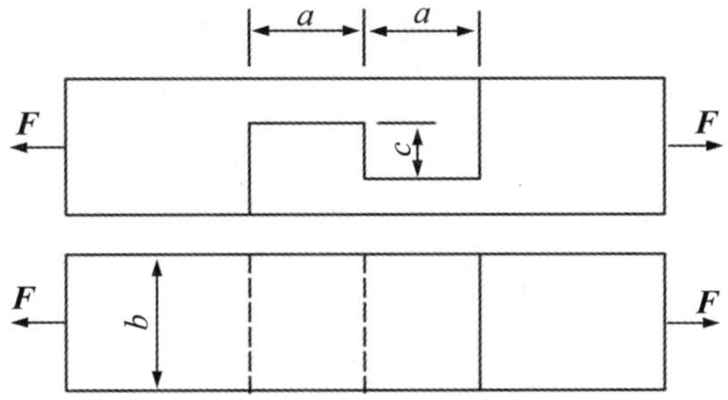

（b）

题 7-2 图

第7章 习题

班级： 学号： 姓名：

7–3 如图所示，直径为30 mm的圆轴上安装着一个手摇柄，手摇柄与圆轴之间通过键K连接。键长×宽×高为36 mm×8 mm×8 mm。（1）若在距轴心700 mm处所加的力为F=300 N，求键剪切面上的切应力；（2）若键的许用切应力[τ]=56 MPa，试校核键的强度。

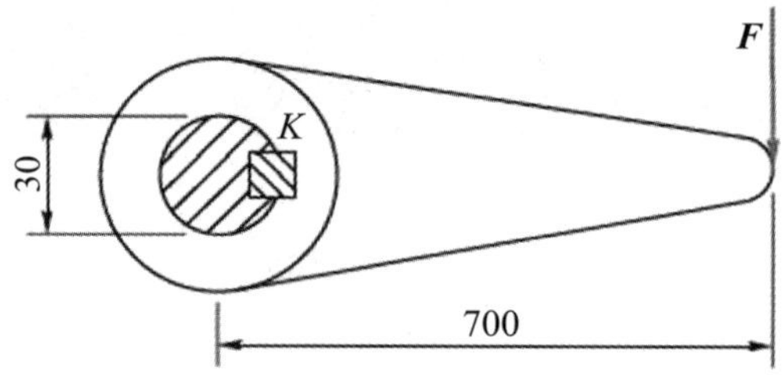

题7-3图

第7章 习 题

班级： 学号： 姓名：

7–4 某部件用销钉固定，如图所示，已知部件上受力 F=120 kN，销钉的直径 d=30 mm，材料许用切应力[τ]=100 MPa。试校核销钉的强度，若强度不够，试确定销钉的直径。

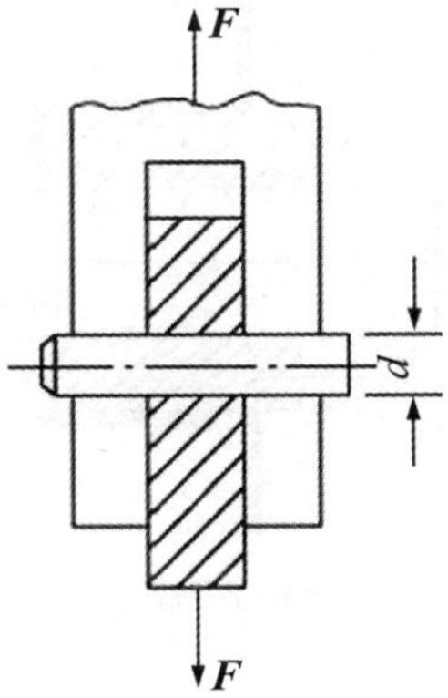

题 7-4 图

第7章 习 题

班级： 学号： 姓名：

7–5 切料装置如图所示，切料模中的棒料为钢，直径 d=16 mm，剪切强度极限 τ_b=320 MPa，当用刀刃切断该棒料时，试求切断力 $\boldsymbol{F}$。

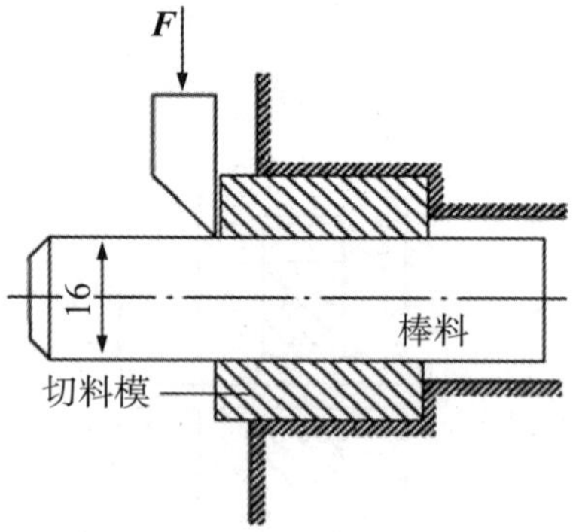

题 7-5 图

第7章 习 题

班级： 学号： 姓名：

7-6 机床花键轴如图所示，图中尺寸单位为mm，轴的截面上共有8个齿，轴与轮毂的配合长度l=50 mm，靠花键侧面传递的力偶矩为3.5 kN·m，花键材料的许用挤压应力为$[\sigma_{bs}]$=240 MPa，试校核该花键的挤压强度。

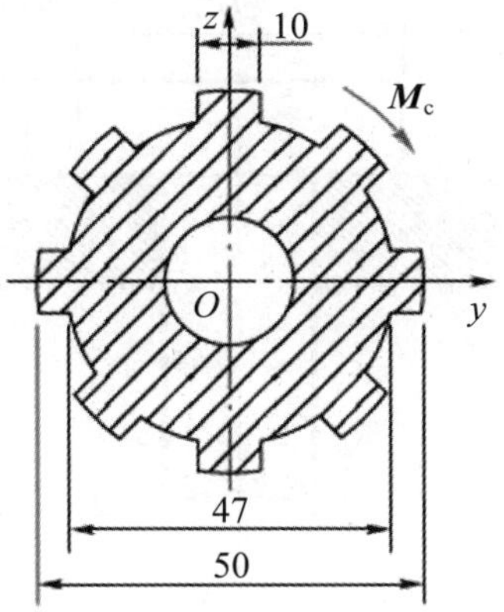

题7-6图

第7章 习 题

班级：　　　　学号：　　　　姓名：

7–7 某连接件装置如图所示。已知拉杆头部直径D=40 mm，拉杆头部高度h=15 mm，杆身直径 d=20 mm。若材料的许用切应力$[\tau]$=100 MPa，许用挤压应力$[\sigma_{bs}]$=240 MPa，求许可载荷F。

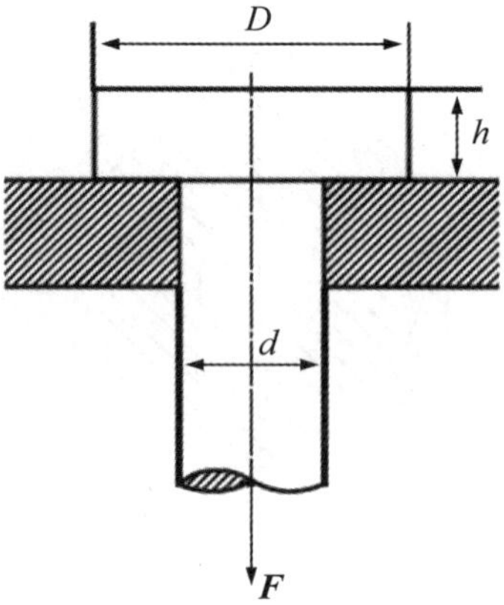

题7-7图

第7章 习 题

班级： 学号： 姓名：

7–8 两块木板连接如图所示，已知b=100 mm，外力F=50 kN，木板的许用切应力$[\tau]$=2 MPa，许用挤压应力$[\sigma_{bs}]$=10 MPa。试求尺寸a和c。

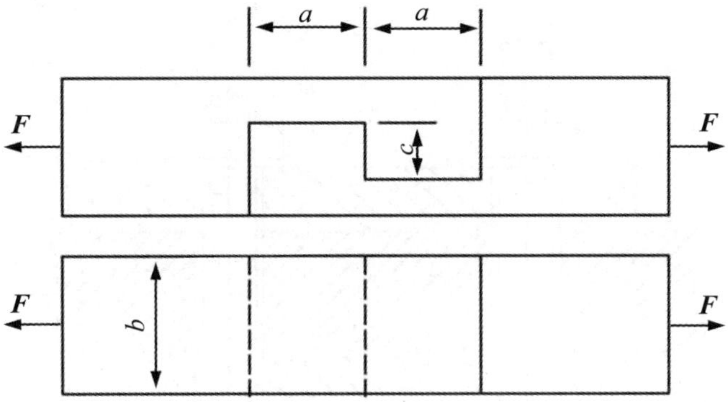

题7-8图

第7章 习 题

班级：　　　　学号：　　　　姓名：

7–9 某部件用螺栓连接如图7-9所示。已知F=40 kN，螺栓的许用切应力$[\tau]$=130 MPa，许用挤压应力$[\sigma_{bs}]$=300 MPa，部件上下两板厚度为δ_1=10 mm，中板厚度为δ_2=10 mm。试确定螺栓的直径d。

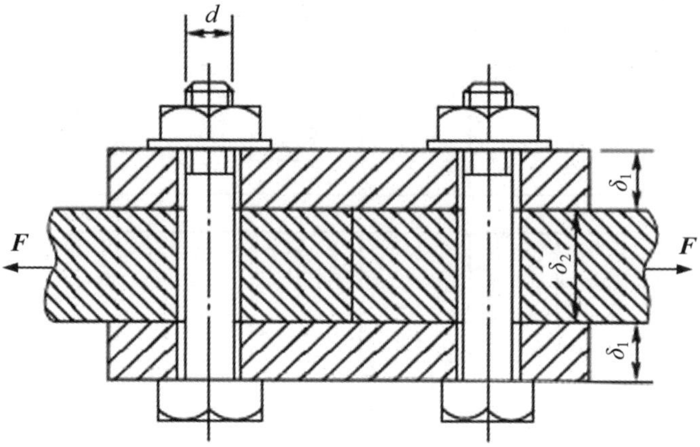

题7-9图

第7章 习 题

班级：　　　　学号：　　　　姓名：

7-10 如图所示，钢板1和钢板2的厚度δ均为12 mm，其中，钢板1宽200 mm，钢板2宽160 mm，两块钢板用直径25 mm的铆钉搭接。已知铆钉的许用切应力$[\tau]$=100 MPa，许用挤压应力$[\sigma_{bs}]$=280 MPa，钢板的许用拉应力$[\sigma_t]$=160 MPa，试求拉力$\boldsymbol{F}$的许可值。

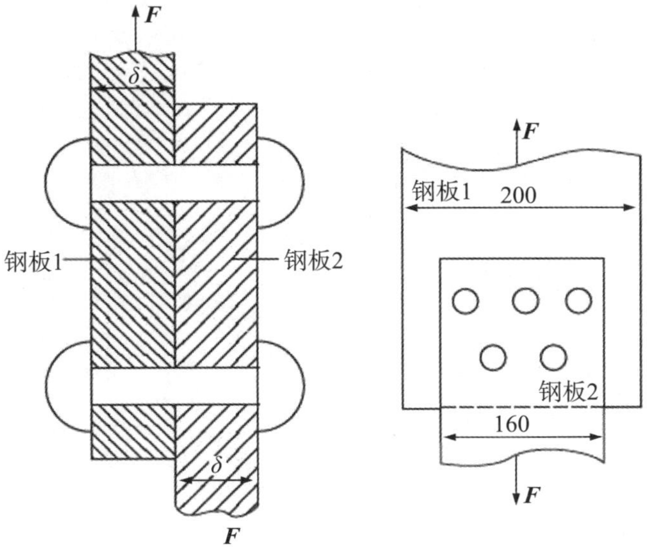

题7-10图

第8章

圆轴扭转

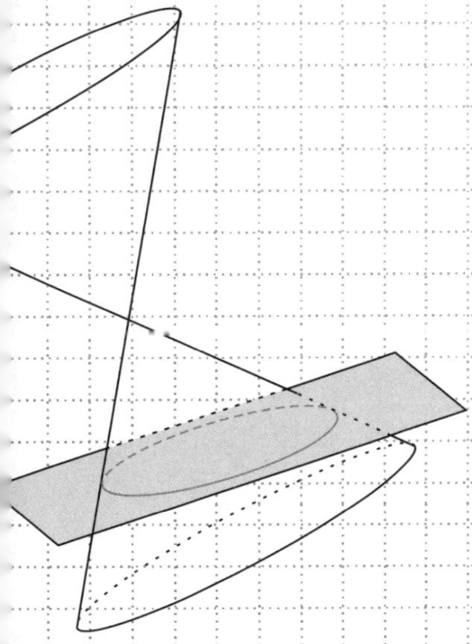

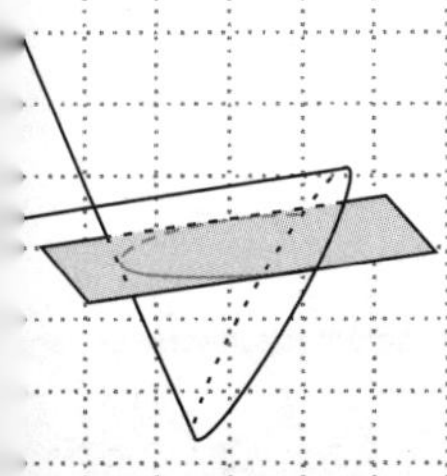

第8章 复习题

8-1 发生扭转变形时，杆件两端受到__________、__________的力偶，作用面__________杆轴。

8-2 圆轴扭转的变形特点是：杆件的各横截面绕杆轴线发生相对__________。

8-3 主动轮上的外力偶矩的转向与轴的转动方向__________，而从动轮上的外力偶矩的转向则与轴的转动方向__________。

8-4 轴的转动方向与主动轮的转向 __________，与从动轮的转向__________。

8-5 当轴传递的功率一定时，轴的转速越小，则轴受到的外力偶矩越__________；当外力偶矩一定时，传递的功率越大，则轴的转速越__________。

8-6 扭矩的符号按__________规定，四指代表扭矩的转向，若大拇指的指向离开截面，扭矩为__________。

8-7 薄壁圆轴扭转时，横截面上只有__________，其方向__________。

8-8 在两个相互垂直的平面上，切应力必然成对存在，且数值相等，方向都垂直于两平面的交线，共同指向或共同背离这一交线。此规律称为__________。

8-9 圆轴扭转时，如果切应力超过比例极限，则切应力互等定理__________，剪切胡克定律__________。

8-10 圆轴扭转时，横截面上某点处的切应力与该点到圆心的距离成__________比；最大扭转切应力位于__________。

8-11 受扭圆轴的破坏情况可分为__________和__________两种。

8-12 脆性材料铸铁试件受扭破坏时，其破坏面是沿与轴线约成__________倾角的螺旋面。

8-13 塑性材料低碳钢试件受扭时，其破坏面是__________。

第8章 习 题

班级： 学号： 姓名：

8–1 试用截面法求图中指定横截面的内力，并画出杆件的扭矩图。

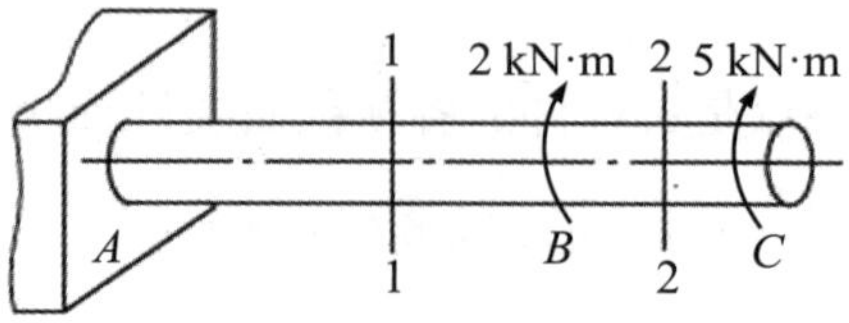

题 8-1 图

第8章 习 题

班级： 学号： 姓名：

8-2 试用截面法求图中指定横截面的内力，并画出杆件的扭矩图。

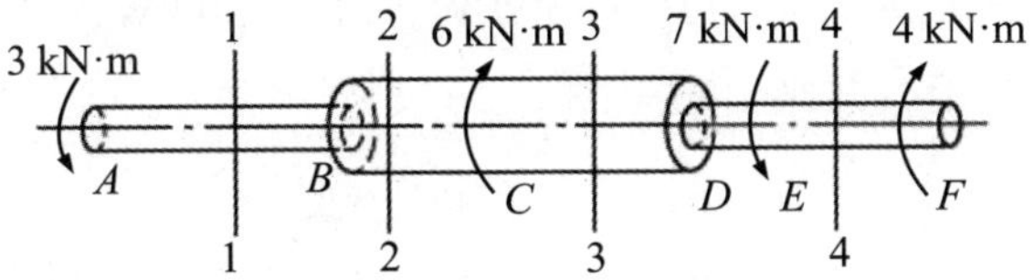

题 8-2 图

第8章 习 题

班级： 学号： 姓名：

8-3 一传动轴如图所示，转速$n = 300$ r/min，主动轮输入的功率$P_A = 500$ kW，三个从动轮输出的功率分别为$P_B = 150$ kW，$P_C = 150$ kW，$P_D = 200$ kW。试求各指定截面上的扭矩，并画出扭矩图。

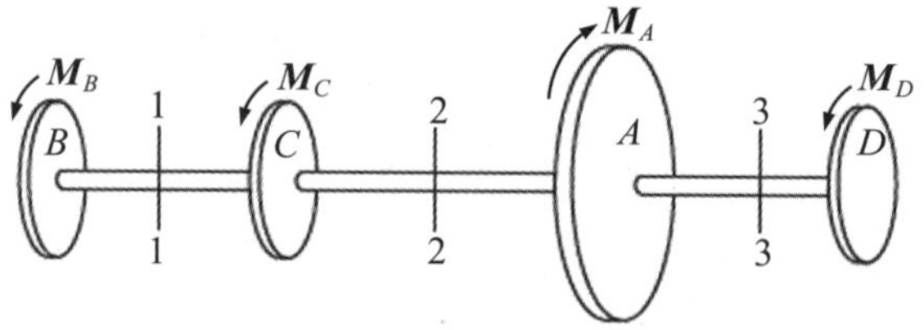

题8-3图

第8章 习 题

班级：　　　　学号：　　　　姓名：

8–4 某实心圆轴受扭，其直径 D =50 mm，内径 d =40 mm，任一横截面上的扭矩 T = 2 150 N·m，试求截面上在距离圆心 10 mm 处某点的切应力，并求该轴横截面上的最大切应力。

第8章 习 题

班级：　　　学号：　　　姓名：

8–5 某空心圆轴受扭，如图所示，其外径 D =44 mm，内径 d =40 mm，任一横截面上的扭矩 T = 750 N·m，试求该轴横截面上的最大切应力和最小切应力。

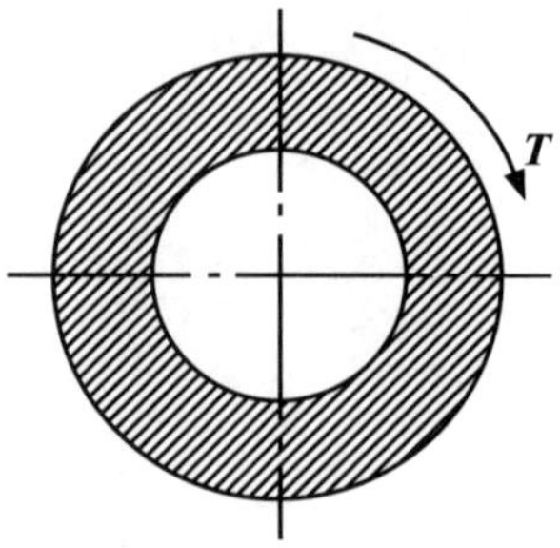

题 8-5 图

第8章 习 题

班级：　　　　　　学号：　　　　　　姓名：

8–6 直径为55 mm的圆轴受载如图所示，其许用切应力[τ]=30 MPa，试作该轴的扭矩图并校核其扭转强度。

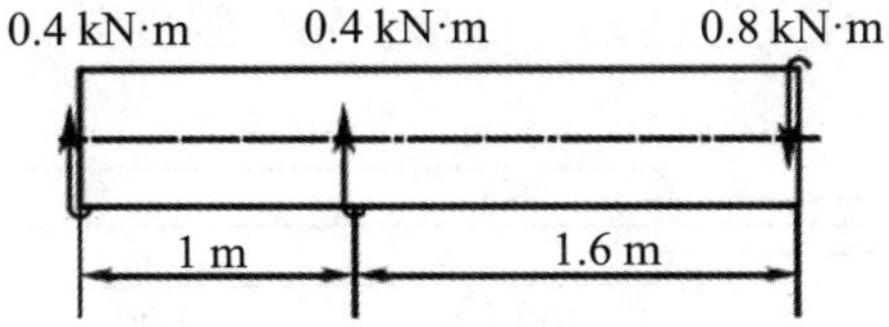

题8-6图

第8章 习　题

班级：　　　　学号：　　　　姓名：

8–7　某阶梯形圆轴受力如图所示，图中尺寸单位为mm，已知圆轴直径分别为d_1=35 mm，d_2=55 mm，外力偶矩M_1=382 N·m，M_3=955 N·m，材料的许用切应力[τ]=60 MPa，若轴作匀速转动，试校核轴的强度。

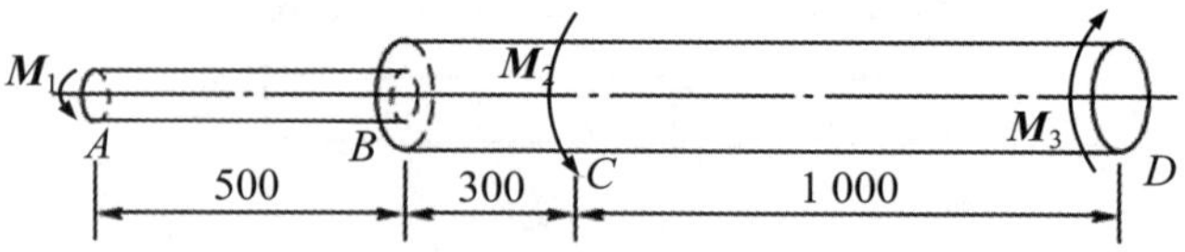

题8-7图

第8章 习 题

班级：　　　　学号：　　　　姓名：

8–8 内外径之比为0.6的空心轴与实心轴通过牙嵌离合器相连接，如图所示。已知轴的转速$n = 100$ r/min，传递的功率$P = 10$ kW，材料的许用切应力$[\tau]$=80 MPa。试确定实心轴的直径d和空心轴的外径D_1。

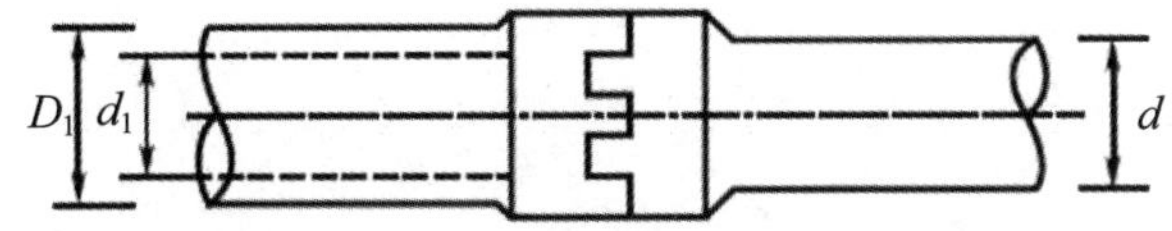

题8-8图

第8章 习　题

班级：　　　　　　学号：　　　　　　姓名：

8–9　汽车驾驶盘直径520 mm，驾驶员每只手作用于驾驶盘上的最大切向力F=200 N，转向轴材料的许用切应力[τ]=50 MPa，如果转向轴为实心，设计其直径；如果转向轴为空心，且其内外径之比为0.8，求其内外径大小。

第8章 习 题

班级： 学号： 姓名：

8–10 圆轴直径 $d = 100$ mm，长 $l = 1$ m，两端作用外力偶矩 M=14 kN·m，材料切变模量 $G = 80$ GPa。试求轴上距离圆心 40 mm、12.5 mm 两点处的切应力及最大切应力；并求圆轴的单位长度扭转角。

第8章 习题

班级：　　　　学号：　　　　姓名：

8–11 圆轴直径 $d = 50$ mm，两端作用外力偶矩 $M=2$ kN·m，材料切变模量 $G = 82$ GPa。试求轴上距离圆心 12.5 mm 处的切应力及切应变；并求圆轴横截面上的最大切应力和单位长度扭转角。

第8章 习 题

班级： 学号： 姓名：

8-12 一实心圆轴受力如图所示，图中尺寸单位为mm。已知圆轴直径为d=100 mm，轴上最大切应力为80 MPa，B端的相对扭转角为0.014 rad，材料的切变模量G=80 GPa。试求$\boldsymbol{M}_1$和$\boldsymbol{M}_2$。

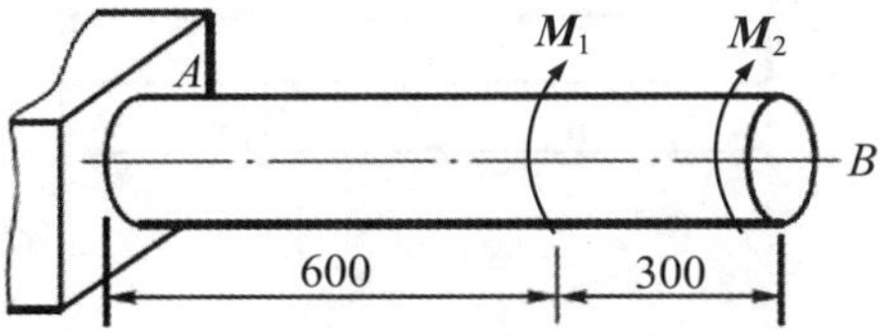

题8-12图

第8章 习 题

班级： 学号： 姓名：

8–13 圆轴受力如图所示，已知圆轴直径为100 mm，材料的切变模量G= 80 GPa，许可单位长度扭转角$[\theta]$=1°/m，试校核轴的刚度。

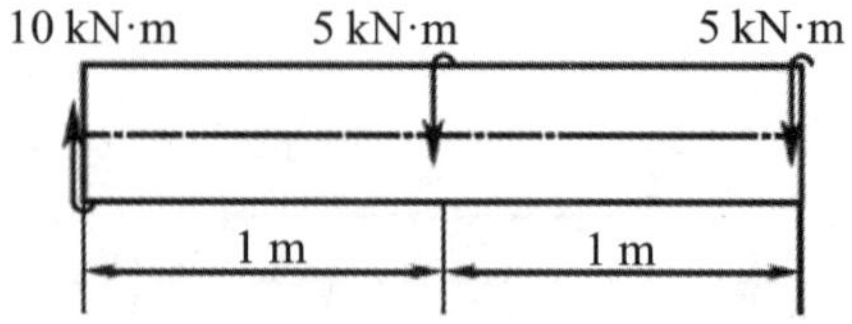

题8-13图

第8章 习 题

班级： 学号： 姓名：

8–14 阶梯状圆轴受力如图所示，已知细段直径为40 mm，粗段直径为70 mm，转速n = 300 r/min，主动轮输入的功率P_3 = 30 kW，从动轮输出的功率分别为P_1= 13 kW，P_2= 17 kW。材料的切变模量G = 80 GPa，许可单位长度扭转角$[\theta]$=1°/m，试校核轴的刚度。

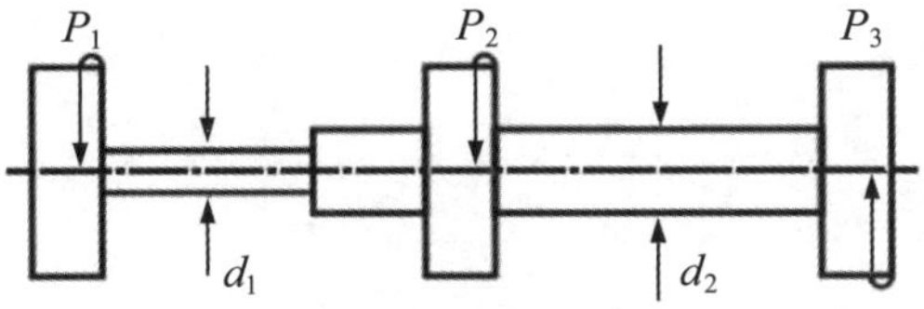

题8-14图

第8章 习 题

班级：　　学号：　　姓名：

8–15 空心圆轴，其外径 D =100 mm，内径 d =50 mm，材料的切变模量 G = 80 GPa，两端受外力偶作用，若要求相距 2 m 的两端面间的相对扭转角不得超过 1.5°，试求该轴所能承受的最大扭矩，并求其横截面上最大切应力。

第8章 习 题

班级： 学号： 姓名：

8–16 某钢轴转速 $n = 250$ r/min，传递功率 $P = 60$ kW，许用切应力 $[\tau]=40$ MPa，切变模量 $G = 80$ GPa，许可单位长度扭转角 $[\theta]=0.8°/\mathrm{m}$，试设计轴的直径 d。

第8章 习题

班级： 学号： 姓名：

8–17 一直径为80 mm的钢轴，其长为3 m，切变模量$G = 80$ GPa，两端受外力偶作用，若规定其切应力不超过80 MPa，两端面相对扭转角不得超过0.06 rad时，试求该轴所能承受的最大扭矩。

第9章

梁的平面弯曲——强度计算

第9章 复习题

9–1 以弯曲变形为主的杆件称为＿＿＿＿＿＿。

9–2 若梁发生弯曲变形前后的轴线在同一个平面内，这种弯曲形式称为＿＿＿＿＿，又称＿＿＿＿＿＿。

9–3 梁弯曲时，凡剪力对梁内任一点的力矩是＿＿＿＿＿＿转向的为正。

9–4 梁弯曲时，凡弯矩使所取梁段产生＿＿＿＿＿＿变形的为正。

9–5 若梁在某一梁段内无载荷作用，则该段内的弯矩图必定是＿＿＿＿＿＿。

9–6 梁在集中力作用的截面处，＿＿＿＿＿＿有突变。

9–7 梁在集中力偶作用截面处，＿＿＿＿＿＿有突变。

9–8 梁在某截面处剪力等于零，则该截面处弯矩有＿＿＿＿＿＿。

9–9 当坐标轴通过形心，则图形对该轴的静矩＿＿＿＿＿＿。

9–10 静矩与所选坐标轴＿＿＿＿＿＿，其值可能为正、负或零。

9–11 若相互垂直的两根坐标轴中有一根为截面的对称轴，则其惯性积＿＿＿＿＿＿。

9–12 在截面图形的一系列平行轴中，截面对＿＿＿＿＿＿的惯性矩为最小。

9–13 在截面图形的一系列平行轴中，若已知形心轴的惯性矩，可通过＿＿＿＿＿＿计算其他平行轴的惯性矩。

9–14 剪力为零、弯矩为常数的弯曲称为＿＿＿＿＿＿。

9–15 梁发生平面弯曲时，梁的中间必然存在一层纵向纤维既不伸长也不缩短，这一层纤维构成的曲面称为＿＿＿＿＿＿。

9–16 梁在弯曲时，相邻横截面就是绕＿＿＿＿＿＿作相对转动。

9–17 纯弯直梁横截面中性轴上各点的正应力均为＿＿＿＿＿＿。

第9章 习 题

班级：　　　　学号：　　　　姓名：

9–1 悬臂梁AB的受力如图9-1所示，试求图示梁中指定截面上的剪力和弯矩。

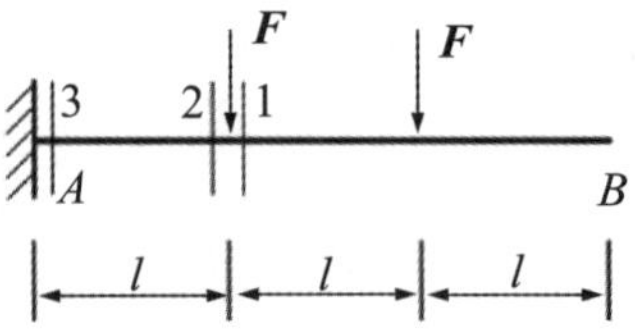

题9-1图

第9章 习　题

班级：　　　　　　学号：　　　　　　姓名：

9–2　简支梁AB的受力如图所示，试求梁中指定截面上的剪力和弯矩。

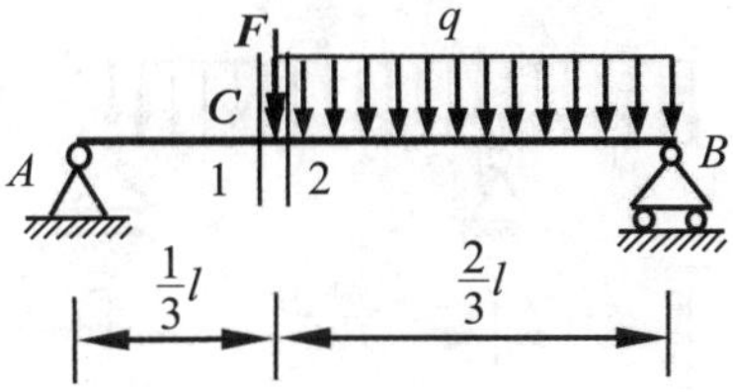

题9-2图

第9章 习 题

班级： 学号： 姓名：

9–3 外伸梁AB的受力如图所示，试求梁中指定截面上的剪力和弯矩。

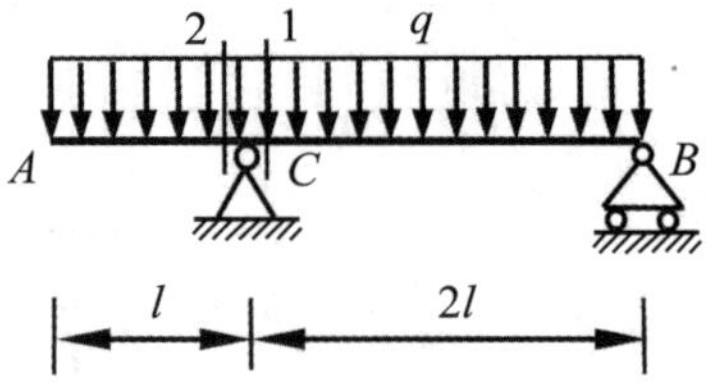

题9-3图

第9章 习 题

班级： 学号： 姓名：

9–4 悬臂梁AB的受力如图所示，试列出剪力方程和弯矩方程，并画出梁的剪力图和弯矩图。

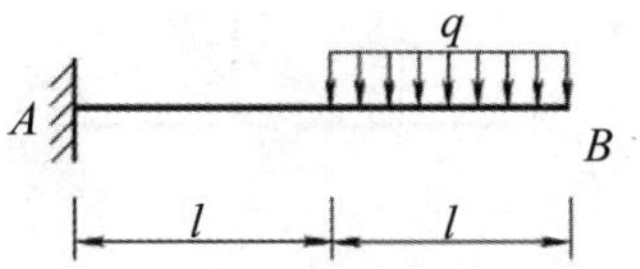

题9-4图

第9章 习 题

班级： 学号： 姓名：

9–5 简支梁AB的受力如图所示，试列出剪力方程和弯矩方程，并画出梁的剪力图和弯矩图。

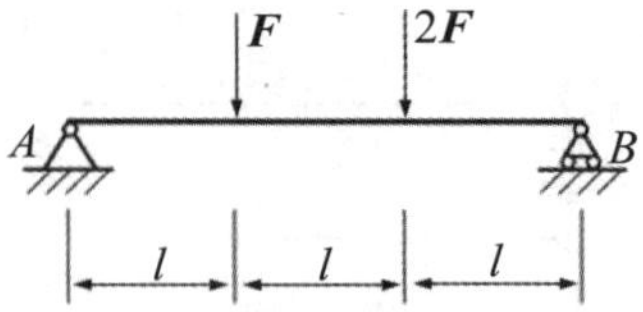

题9-5图

第9章 习 题

班级： 学号： 姓名：

9–6 外伸梁*AB*的受力如图所示，试列出剪力方程和弯矩方程，并画出梁的剪力图和弯矩图。

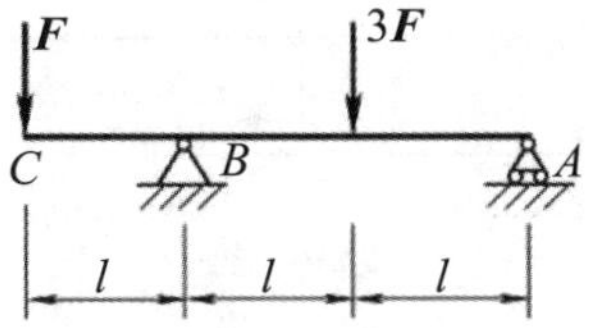

题9-6图

第9章 习 题

班级： 学号： 姓名：

9–7 悬臂梁AB的受力如图所示，试运用微分关系画出梁的剪力图和弯矩图。

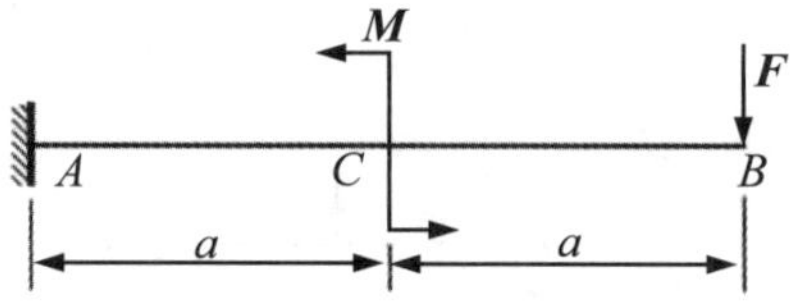

题9-7图

第9章 习 题

班级：　　　　学号：　　　　姓名：

9–8 简支梁AB的受力如图所示，试运用微分关系画出梁的剪力图和弯矩图。

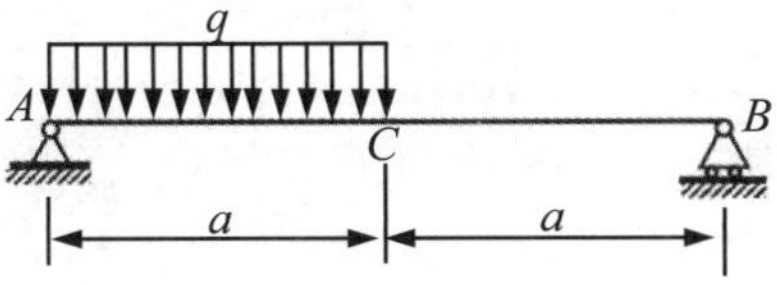

题9-8图

第9章 习 题

班级：　　　学号：　　　姓名：

9–9 外伸梁AB的受力如图9-9所示，试运用微分关系画出梁的剪力图和弯矩图。

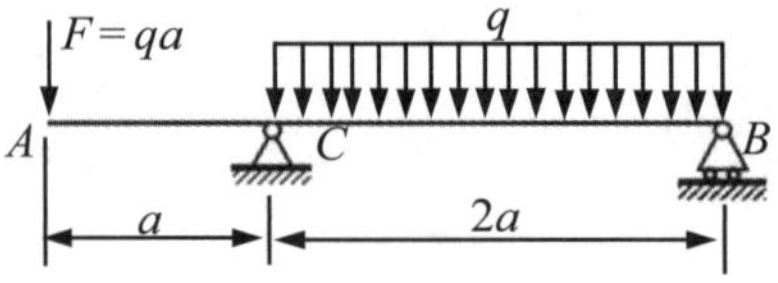

题9-9图

第9章 习 题

班级： 学号： 姓名：

9–10 悬臂梁AB的受力如图所示，试运用微分关系画出梁的剪力图和弯矩图。

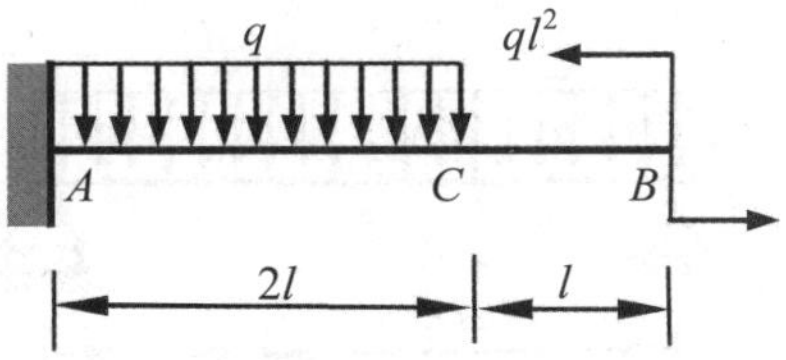

题9-10图

第9章 习 题

班级： 学号： 姓名：

9–11 简支梁AB的受力如图所示，试运用微分关系画出梁的剪力图和弯矩图。

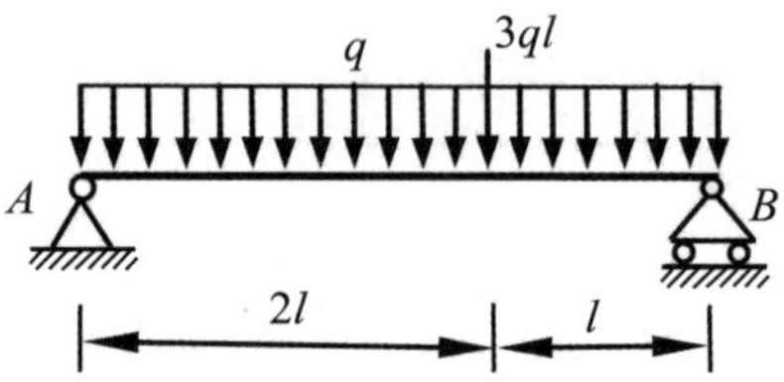

题9-11图

第9章 习 题

班级： 学号： 姓名：

9–12 外伸梁AD的受力如图所示，试运用微分关系画出梁的剪力图和弯矩图。

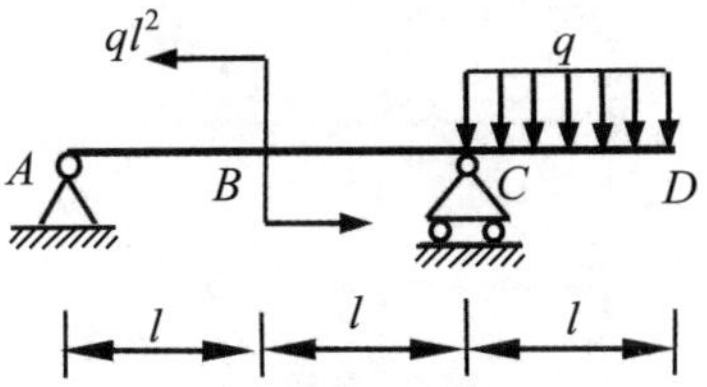

题9-12图

第9章 习 题

班级：　　　　学号：　　　　姓名：

9–13　悬臂梁AB的受力如图所示，试运用微分关系画出梁的剪力图和弯矩图。

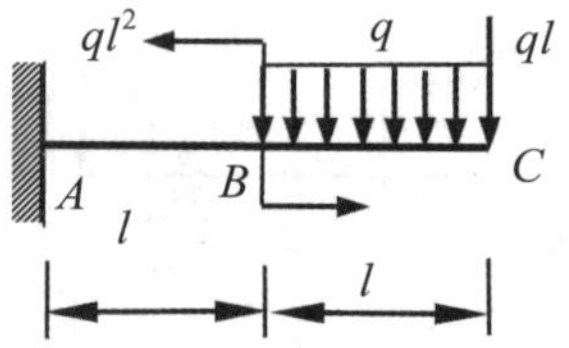

题9-13图

第9章 习 题

班级： 学号： 姓名：

9–14 简支梁AB的受力如图所示，试运用微分关系画出梁的剪力图和弯矩图。

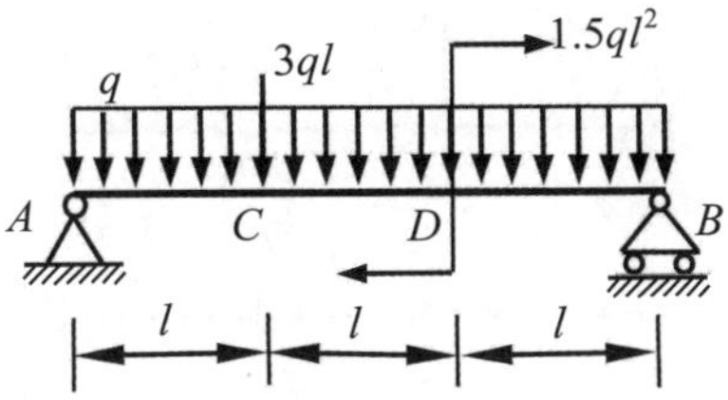

题9-14图

第9章 习 题

班级：　　　　学号：　　　　姓名：

9–15　外伸梁AD的受力如图所示，试运用微分关系画出梁的剪力图和弯矩图。

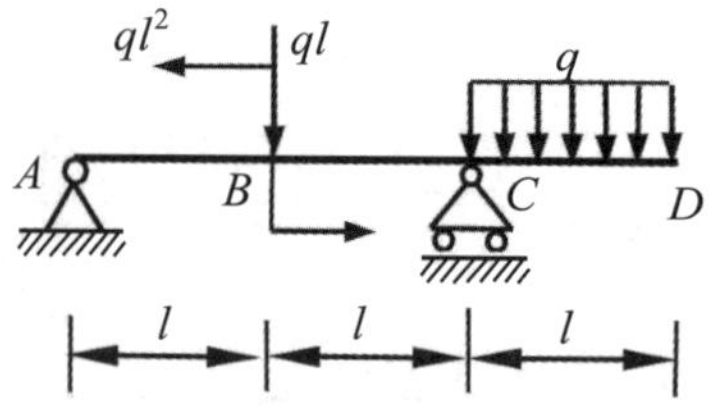

题9-15图

第9章 习 题

班级： 学号： 姓名：

9–16 试求如图所示型材截面形心的位置和对y、z轴的静矩，图中尺寸单位为mm。

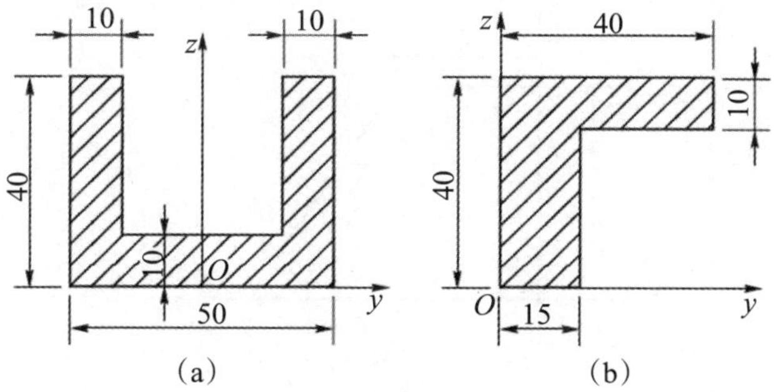

题9-16图

第9章 习 题

班级： 学号： 姓名：

9–17 试求如图所示型材的截面形心。

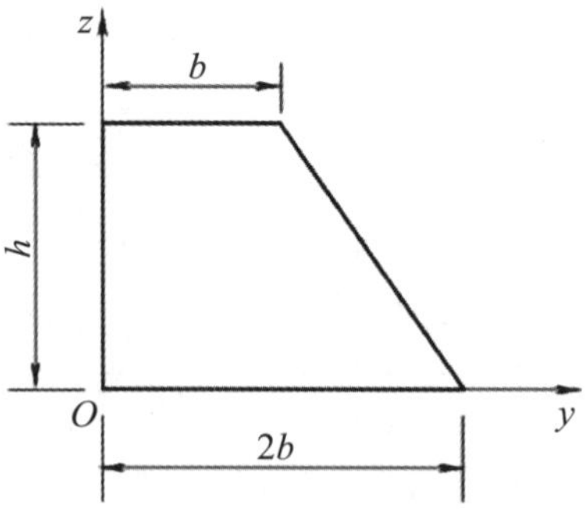

题9-17图

第9章 习 题

班级： 学号： 姓名：

9–18 试求如图所示图形对形心轴的惯性矩。

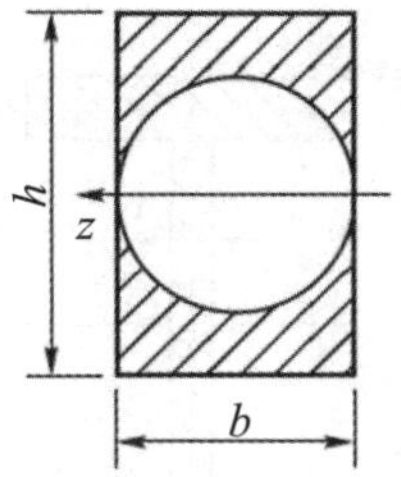

题9-18图

第9章 习 题

班级：　　　学号：　　　姓名：

9–19 试求如图所示图形对z轴的惯性矩，图中尺寸单位为mm。

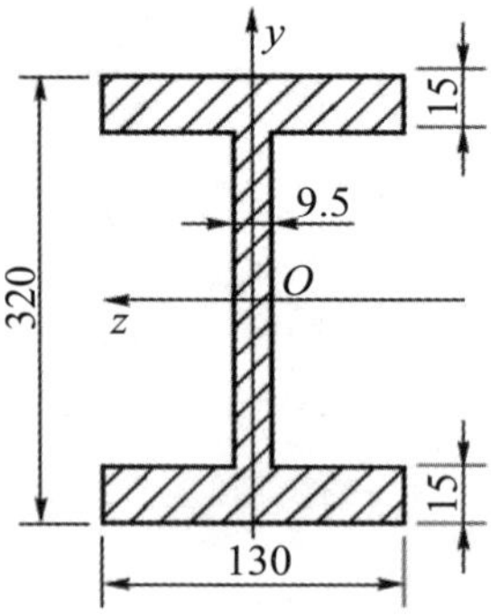

题9-19图

第9章 习 题

班级： 学号： 姓名：

9–20 已知矩形截面的悬臂梁尺寸及受力如图所示，图中尺寸单位为mm。已知F=15 kN，M=20 kN·m，试画出梁的剪力图和弯矩图，并求固定端处截面上A、B、C、D四点正应力。

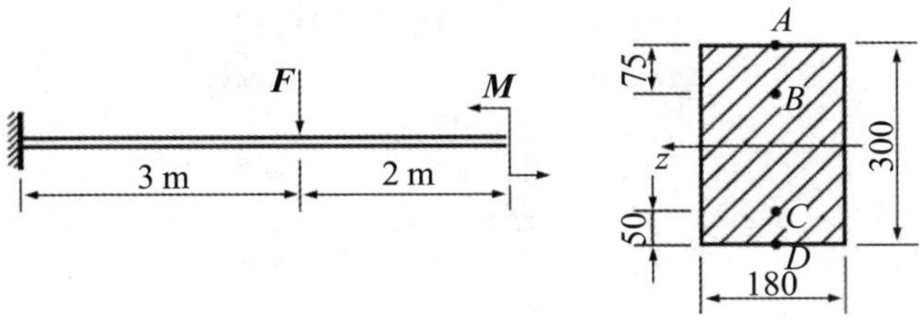

题9-20图

第9章 习 题

班级： 学号： 姓名：

9–21 简支梁受均布载荷如图所示。若分别采用横截面面积相等的实心和空心圆截面，已知D_1=40 mm，d_2/D_2=0.6。试分别求两种截面的最大弯曲正应力。

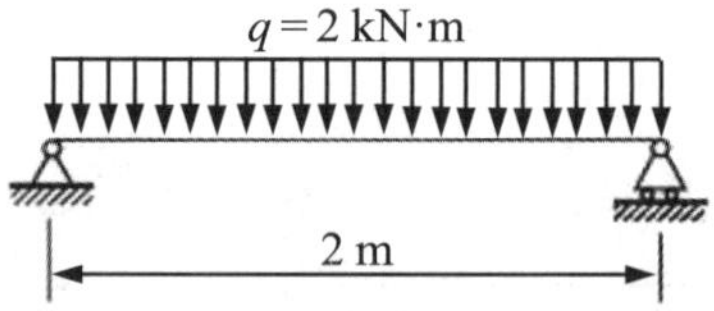

题9-21图

第9章 习 题

班级： 学号： 姓名：

9-22 外伸梁尺寸和受力如图所示，图中尺寸单位为mm。已知均布载荷 q=10 kN/m，a=4 m，材料的许用应力[σ]=160 MPa。校核该梁的强度。

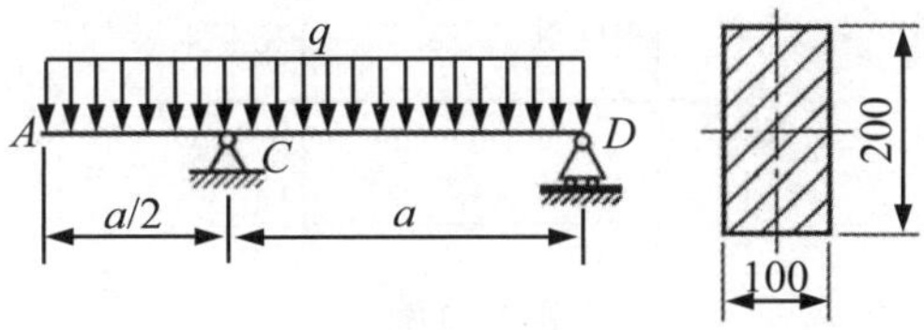

题9-21图

第9章 习 题

班级： 学号： 姓名：

9–23 圆形截面梁尺寸及受力如图所示。已知材料的许用应力[σ]=160 MPa，试根据强度要求设计梁的直径。

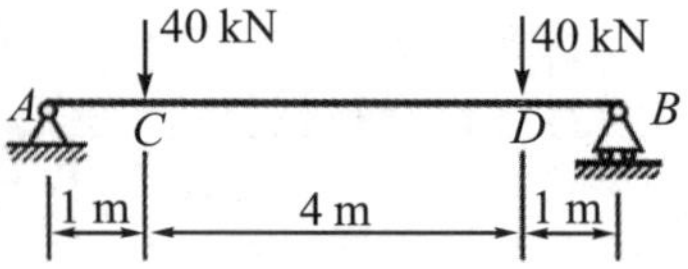

题9-23图

第9章 习 题

班级： 学号： 姓名：

9–24 简支梁 AB 受力如图所示，已知 l=1 m，材料的许用应力为 $[\sigma]$=120 MPa。已知横截面尺寸 $h=2b$=100 mm，试分别求出横截面竖放和横放时梁的许可载荷。

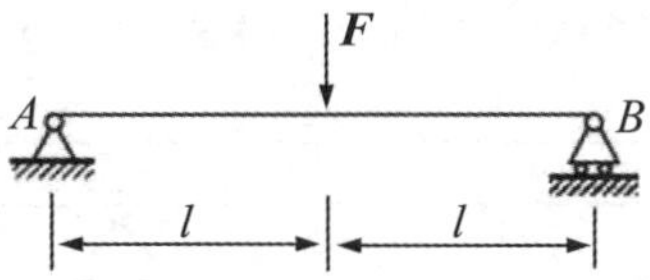

题9-24图

第9章 习 题

班级：　　　　学号：　　　　姓名：

9–25 圆形截面梁尺寸及受力如图所示，*AB* 为实心段，直径为 140 mm，*BC* 为空心段，内径为 100 mm。已知材料的许用应力 $[\sigma]=160$ MPa，试校核梁的强度。

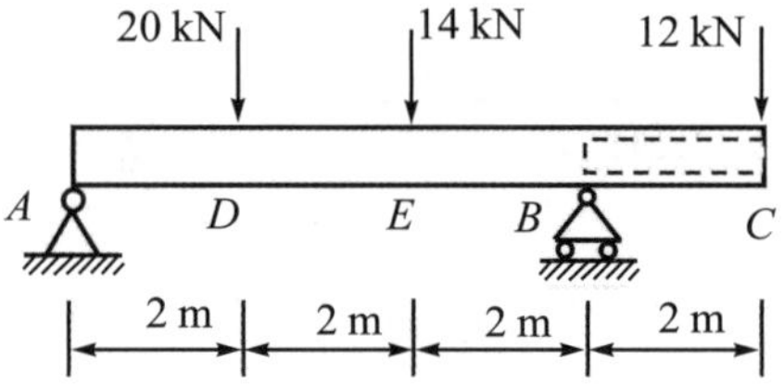

题 9-25 图

第9章 习 题

班级：　　　　学号：　　　　姓名：

9–26 矩形截面外伸梁AC尺寸及受力如图所示。梁上受均布载荷q作用，已知BC段梁高度为90 mm，宽度为40mm，AB段梁高度为70 mm，宽度为40 mm，材料的许用应力$[\sigma]$=200 MPa，试求许可载荷q。

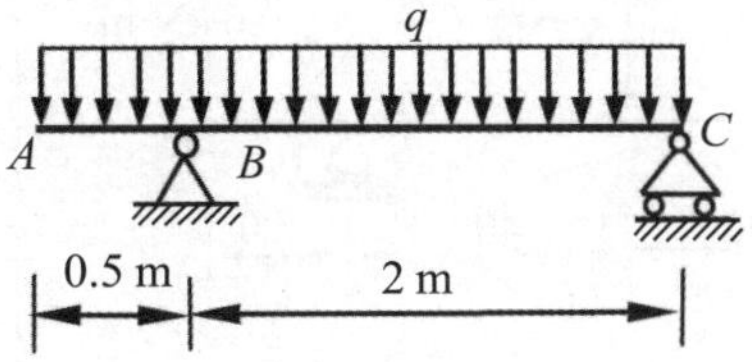

题9-26图

第9章 习 题

班级： 学号： 姓名：

9–27 矩形截面外伸梁*AD*尺寸及受力如图9-27所示，图中尺寸单位为mm。已知材料的许用正应力$[\sigma]$=40 MPa，许用切应力$[\tau]$=20 MPa，试校核梁的弯曲强度。

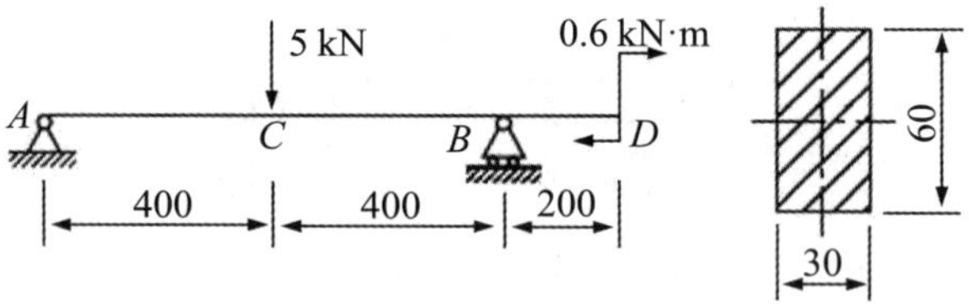

题9-27图

第10章

梁的平面弯曲——刚度计算

第10章 复习题

10-1 梁弯曲时产生的变形分别为＿＿＿＿＿＿和＿＿＿＿＿＿。

10-2 梁发生弯曲变形时，横截面的挠度是指截面形心沿＿＿＿＿＿＿方向的线位移，转角是指截面绕＿＿＿＿＿＿转动的角位移。

10-3 等截面直梁在弯曲变形时，挠曲线曲率最大发生在＿＿＿＿＿＿处。

10-4 梁的位移边界条件包括＿＿＿＿＿＿和＿＿＿＿＿＿。

10-5 利用叠加法求梁的位移时应满足的条件是：（1）为＿＿＿＿＿＿；（2）材料处于＿＿＿＿＿＿。

10-6 简支梁受一个集中力作用，其挠度是跨长的＿＿＿＿＿＿次方；转角是跨长的＿＿＿＿＿＿次方。

10-7 简支梁受均布荷载作用，其挠度是跨长的＿＿＿＿＿＿次方；转角是跨长的＿＿＿＿＿＿次方。

第10章 习 题

班级： 学号： 姓名：

10-1 已知梁的抗弯刚度为EI。用积分法求如图所示简支梁的挠曲线方程，并计算最大挠度和最大转角。

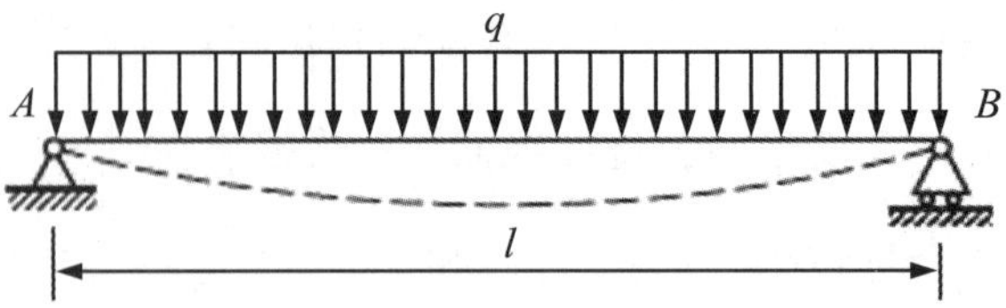

题10-1图

第10章 习 题

班级：　　　　　　　学号：　　　　　　　姓名：

10-2 已知梁的抗弯刚度为EI。用积分法求如图所示悬臂梁的挠曲线方程，并计算B截面的挠度和转角。

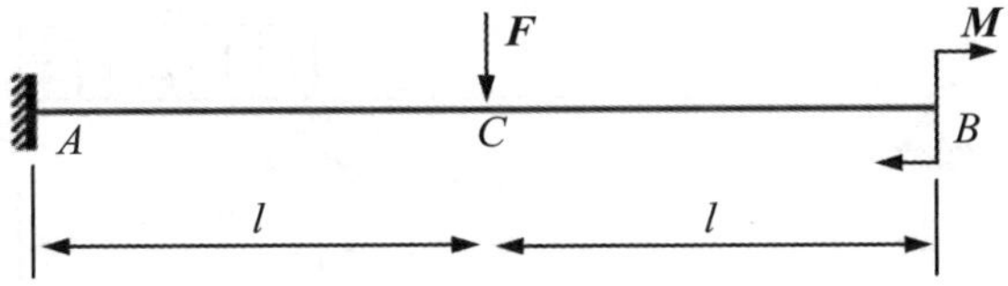

题10-2图

第10章 习 题

班级：　　　　学号：　　　　姓名：

10-3 已知梁的抗弯刚度为 EI。用积分法求图所示外伸梁的挠曲线方程，并计算 C 截面的挠度和转角。

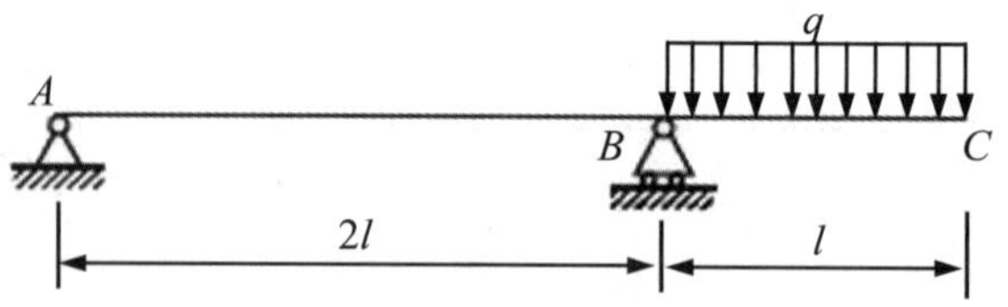

题10-3图

第10章 习 题

班级：　　　　学号：　　　　姓名：

10-4 已知梁的抗弯刚度为EI。用叠加法求如图所示简支梁的挠曲线方程，并计算A截面的挠度和转角。

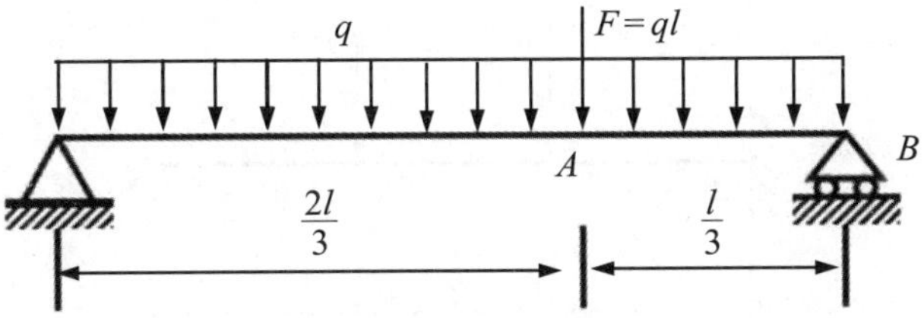

题10-4图

第10章 习 题

班级：　　　　　学号：　　　　　姓名：

10–5 已知梁的抗弯刚度为EI。用叠加法求如图所示悬臂梁的挠曲线方程，并计算B截面的挠度和转角。

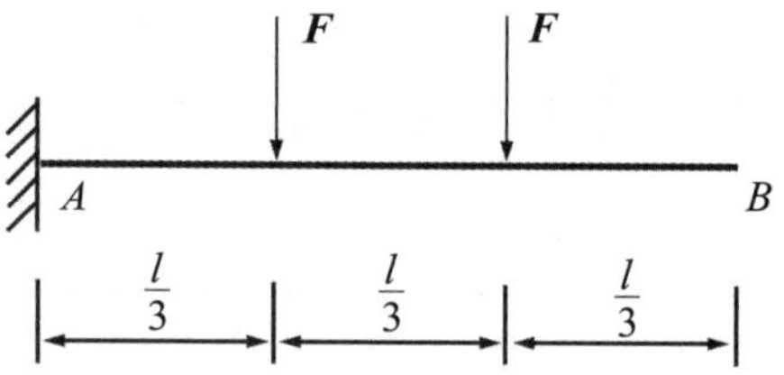

题10-5图

第10章 习 题

班级： 学号： 姓名：

10–6 已知梁的抗弯刚度为EI。用叠加法求如图所示外伸梁的挠曲线方程，并计算B截面的挠度和转角。

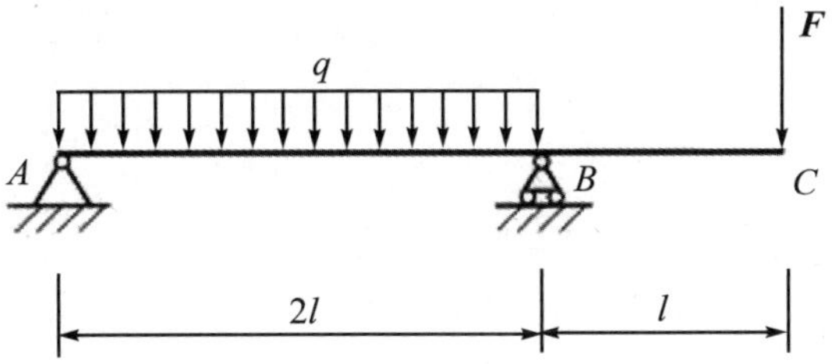

题10-6图

第11章

组合变形

第11章 复习题

11-1 作用在杆件上的外力，其作用线与杆件的轴线平行但不重合，将引起______________。

11-2 受力构件内过某一点的各个截面上的应力情况的集合称为______________。

11-3 单元体上切应力为零的平面称为______________，该平面上的正应力称为______________。

11-4 若三个主应力中只有一个主应力不为零，称为______________；若三个主应力中有两个主应力不为零，则称为______________；若三个主应力都不为零，则称为______________。

11-5 方位角则以从x轴______________转到斜截面外法线方向时为正。

11-6 第一强度理论也称为______________；第二强度理论又称为______________；第三强度理论又称为______________；第四强度理论又称为______________。

第11章 习 题

班级： 学号： 姓名：

11-1 矩形截面杆受力及尺寸如图所示，图中尺寸单位为mm。若材料的许用应力$[\sigma]$=160 MPa，试求杆件许可载荷。

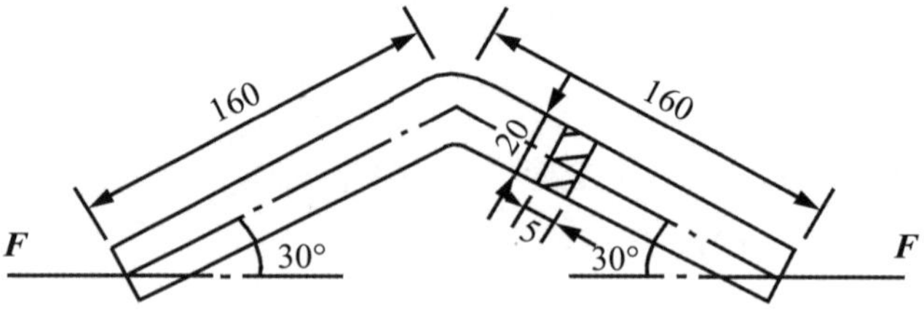

题11-1图

第11章 习 题

班级： 学号： 姓名：

11–2 矩形截面杆受力如图所示，已知 h=200 mm，b=100 mm，F=20 kN，试求杆内的最大正应力。

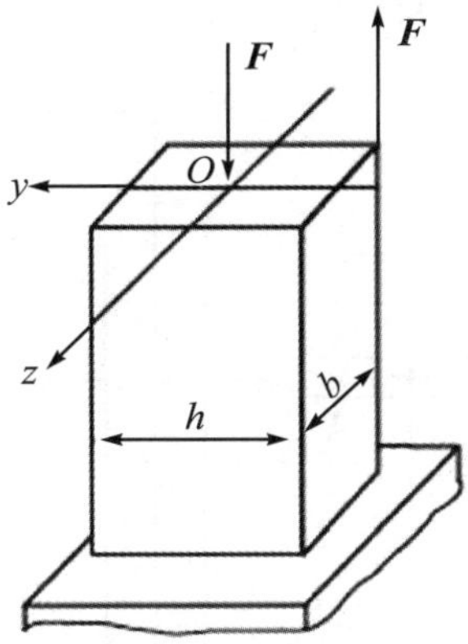

题 11-2 图

第11章 习 题

班级： 学号： 姓名：

11-3 夹具如图所示。已知螺钉与夹具竖杆的中心距为e=60 mm，夹具竖杆的横截面尺寸为b=10 mm，h=24 mm，在夹紧零件时受力F=2 kN，材料的许用应力$[\sigma]$=160 MPa，试校核该竖杆的强度。

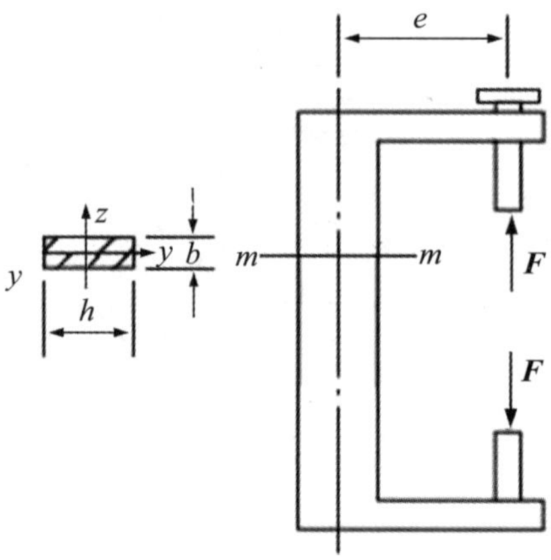

题11-3图

第11章 习 题

班级： 学号： 姓名：

11-4 钻床的立柱由铸铁制成，如图所示，图中尺寸单位为mm，已知F=15 kN，许用拉应力[σ_t]=35 MPa。试确定立柱所需直径。

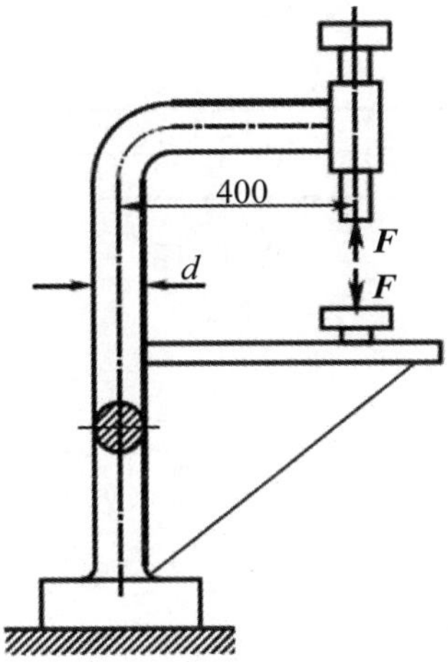

题 11-4 图

第11章 习 题

班级：　　　　学号：　　　　姓名：

11–5 一矩形截面杆受力如图所示。已知截面尺寸为40 mm×5 mm，拉力F=12 kN，材料的许用应力[σ]=100 MPa。若在拉杆上开一切口，不计应力集中影响，试计算切口的许可深度。

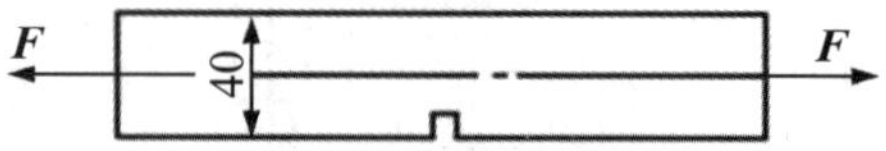

题11-5图

第11章 习 题

班级： 学号： 姓名：

11–6 具有切槽的正方形木杆尺寸及受力如图所示。试求 m—m 截面上的最大拉应力和最大压应力。

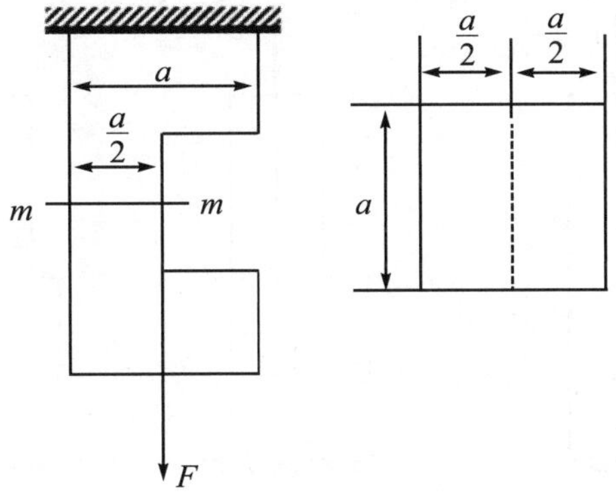

题11-6图

第11章 习 题

班级：　　　　学号：　　　　姓名：

11–7　三种受压杆件如图所示，试计算三种情况下杆中的最大压应力。

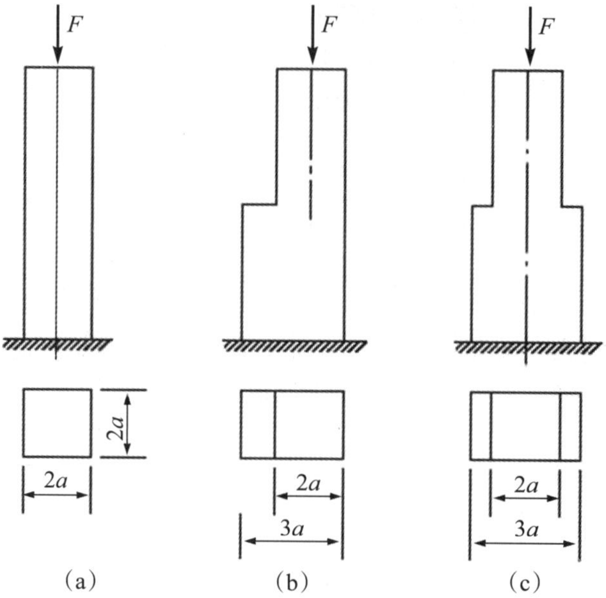

题11-7图

第11章 习　题

班级：　　　　　　　　学号：　　　　　　　　姓名：

11-8　屋架上的檩条尺寸及受力如图所示。已知檩条的跨度l=5 m，均布荷载集度q=2 kN/m，截面尺寸$b\times h$=150 mm×200 mm，材料的许用应力$[\sigma]$=10 MPa。试校核檩条的强度。

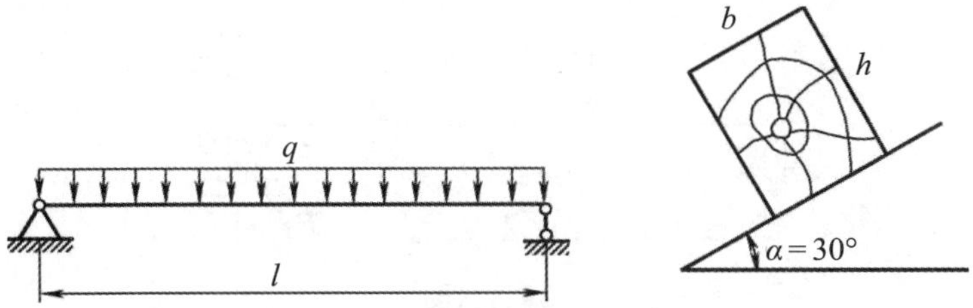

题11-8图

第11章 习 题

班级： 学号： 姓名：

11–9 简支梁AB的尺寸及受力如图所示。已知材料为No.25a工字钢，其抗扭截面系数分别为W_y=48.3 cm^{3}以及W_z=402 cm^3，材料的许用应力[σ]=160 MPa。试校核该梁的强度。

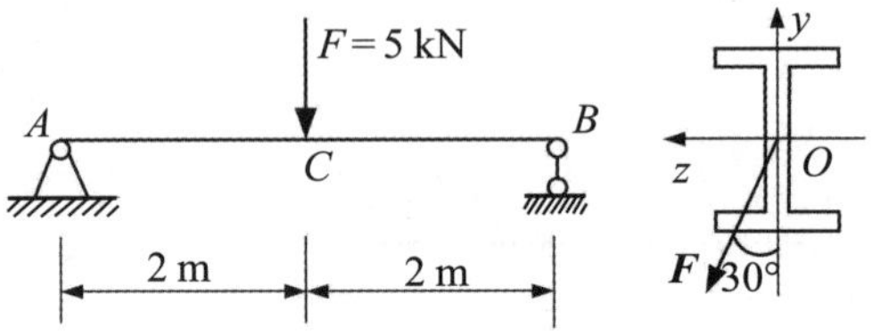

题11-9图

第11章 习 题

班级： 学号： 姓名：

11–10 工字型截面悬臂梁尺寸及受力如图所示。图中l=0.8 m，F_1=2.5 kN，F_2=1 kN。已知材料为No.14工字钢，其抗扭截面系数分别为W_y=16.1 cm^{3}以及W_z=102 cm^3。试求危险截面上的最大正应力。

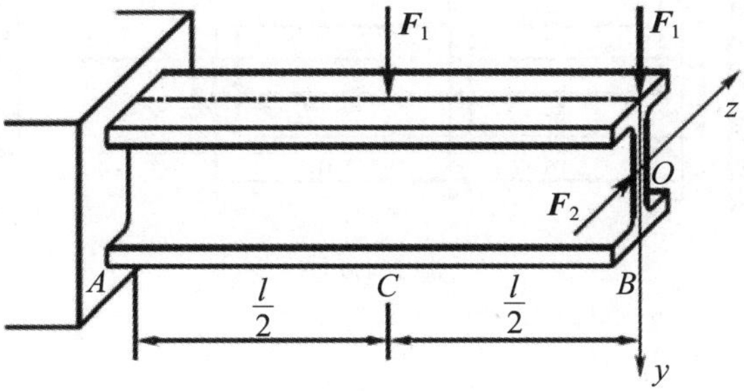

题11-10图

第11章 习 题

班级： 学号： 姓名：

11-11 木质矩形截面悬臂梁尺寸及受力如图所示。图中F_1=0.8 kN，F_2=1.65 kN。已知梁的截面尺寸之比h=2b，材料的许用应力[σ]=10 MPa。试确定截面尺寸。

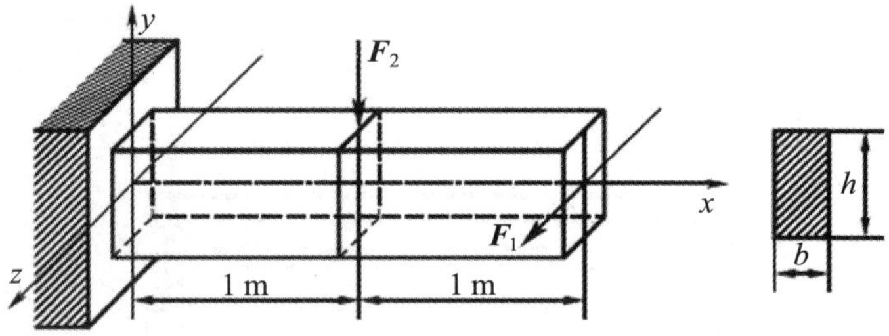

题11-11图

第11章 习 题

班级：　　　　学号：　　　　姓名：

11–12 构件受力如图所示。试用原始单元体表示图中 A 和 B 点的应力状态，并写出应力的表达式。

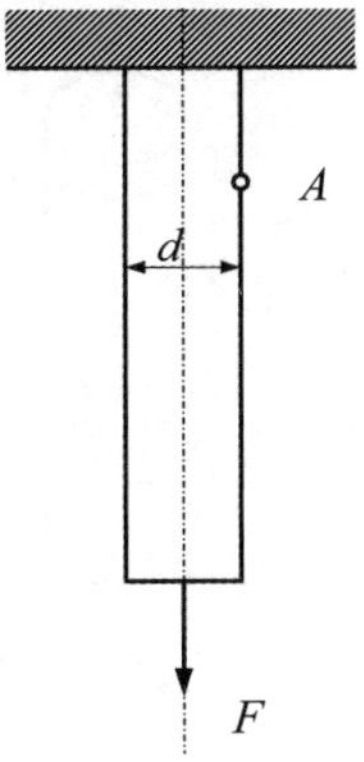

(a)

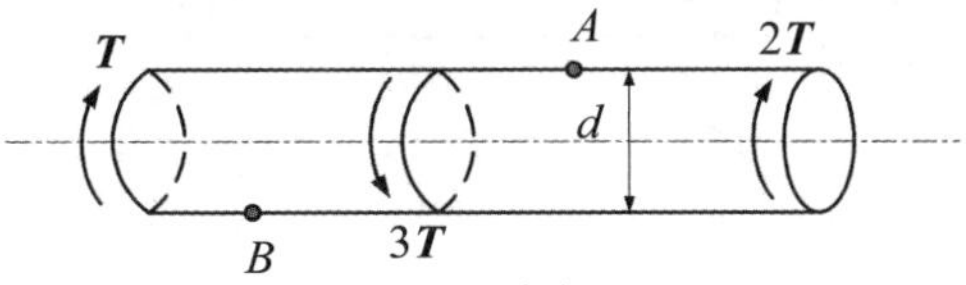

(b)

题 11-12 图

第11章 习　题

班级：　　　　学号：　　　　姓名：

11–13　构件受力如图所示。试用原始单元体表示图中A和B点的应力状态，并写出应力的表达式。

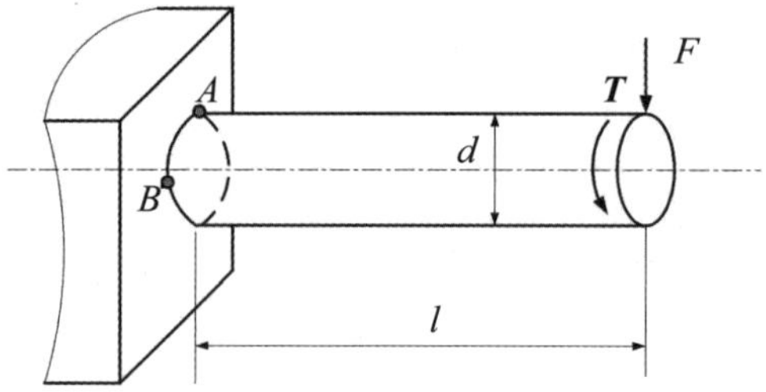

(a)

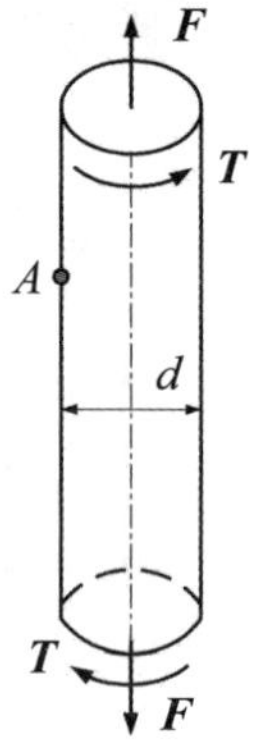

(b)

题11-13图

第11章 习 题

班级： 学号： 姓名：

11–14 已知某单元体的应力状态如图所示，图中应力单位为MPa。试求：（1）指定斜截面上的应力；（2）主应力和最大切应力。

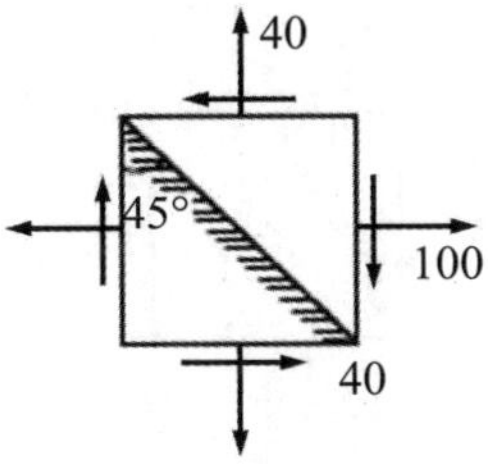

题11-14图

第11章 习 题

班级： 学号： 姓名：

11–15 已知某单元体的应力状态如图所示，图中应力单位为MPa。试求：(1) 指定斜截面上的应力；(2) 主应力和最大切应力。

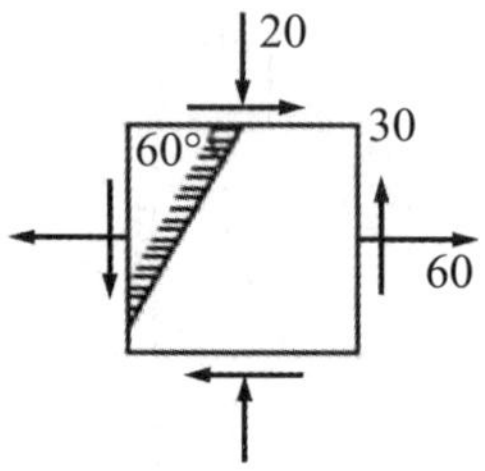

题11-15图

第11章 习 题

班级：　　　　学号：　　　　姓名：

11–16 已知某单元体的应力状态如图所示，图中应力单位为MPa。试求：(1) 指定斜截面上的应力；(2) 主应力和最大切应力。

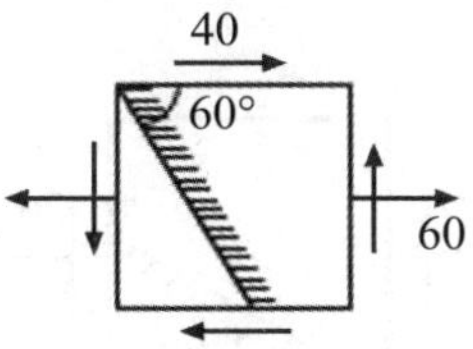

题11-16图

第11章 习 题

班级： 学号： 姓名：

11-17 已知某单元体的应力状态如图所示，图中应力单位为MPa。试求：(1) 指定斜截面上的应力；(2) 主应力和最大切应力。

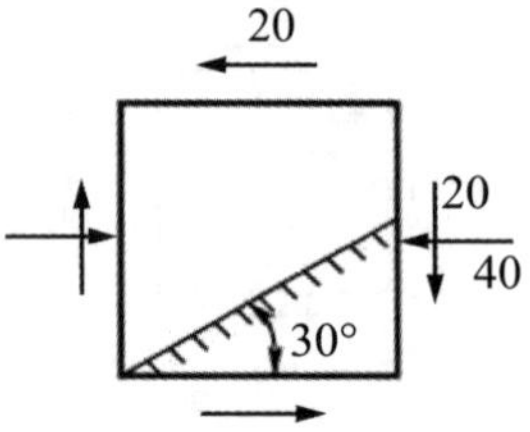

题11-17图

第11章 习 题

班级：　　　　学号：　　　　姓名：

11-18 已知某单元体的应力状态如图所示，图中应力单位为MPa。试求：(1) 指定斜截面上的应力；(2) 主应力和最大切应力。

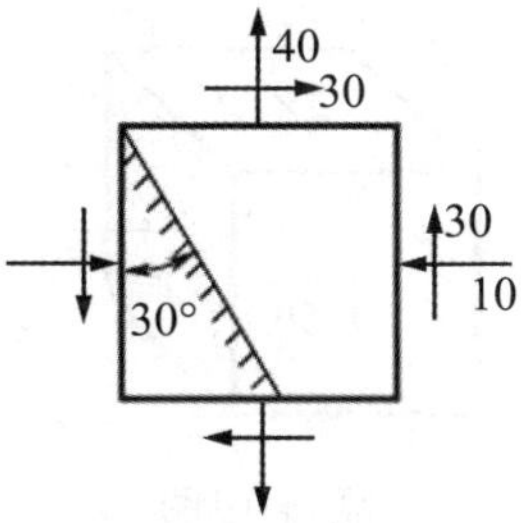

题11-18图

第11章 习 题

班级： 学号： 姓名：

11-19 已知某单元体的应力状态如图所示，图中应力单位为MPa。试求单元体的主应力和最大切应力。

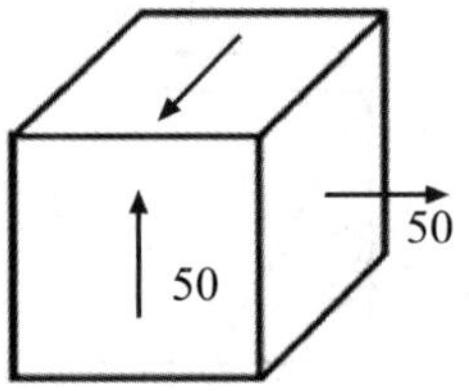

题11-19图

第11章 习 题

班级： 学号： 姓名：

11-20 已知某单元体的应力状态如图所示，图中应力单位为MPa。试求单元体的主应力和最大切应力。

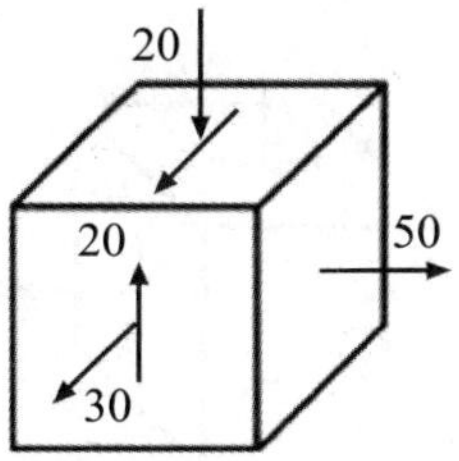

题11-20图

第11章 习 题

班级：　　　　学号：　　　　姓名：

11–21 已知某单元体的应力状态如图所示，图中应力单位为MPa。试求单元体的主应力和最大切应力。

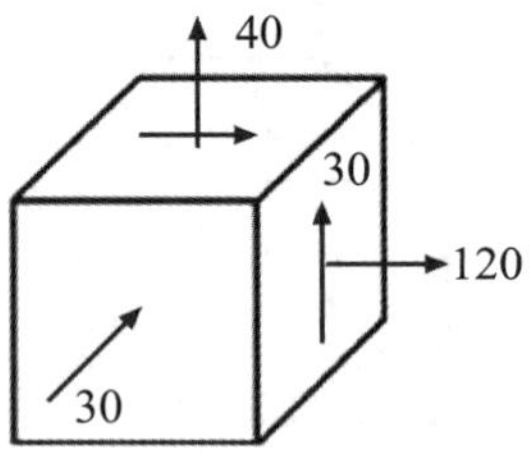

题11-21图

第11章 习 题

班级：　　　　学号：　　　　姓名：

11–22 一矩形截面梁，尺寸及载荷如图所示，图中尺寸单位为mm。（1）画出梁上A、B、C点的原始单元体，标出各面上的应力；（2）求各点的主应力及最大切应力。

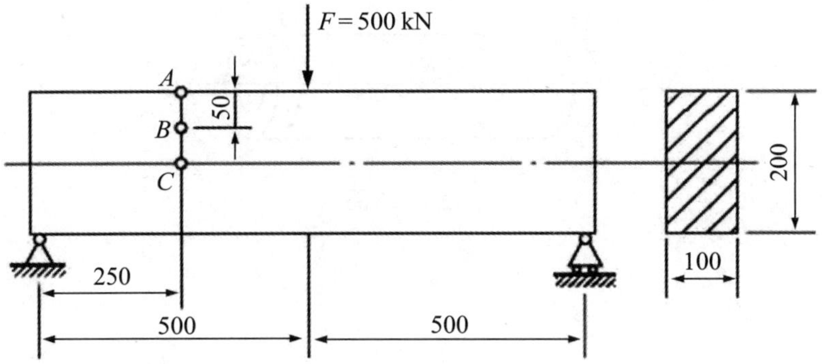

题 11-22 图

第11章 习　题　　班级：　　学号：　　姓名：

11–23 受扭空心圆轴如图所示，现测得圆轴表面K点与轴线成45°方向的正应变为$\varepsilon_{45°}$。已知圆轴外径为D，内外径之比为α，材料的弹性模量为E，泊松比为ν。求外力偶矩$\boldsymbol{T}$。

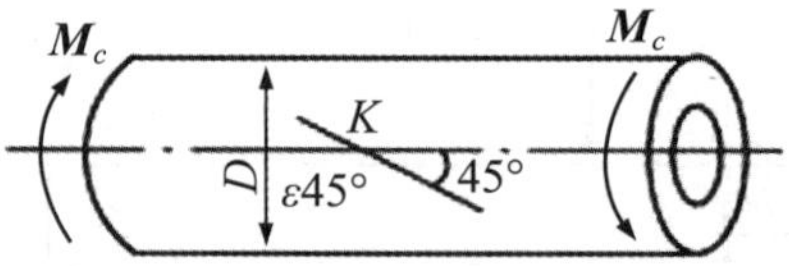

题11-23图

第11章 习 题

班级： 学号： 姓名：

11–24 矩形截面梁截面尺寸及受力如图所示，图中截面尺寸单位为mm。现测得梁中性层上K点与轴线成45°方向的正应变为$\varepsilon_{45^\circ}=50\times10^{-6}$。已知材料的弹性模量$E$=200 GPa，泊松比$\nu$=0.25。求梁上作用的集中力$F$的大小。

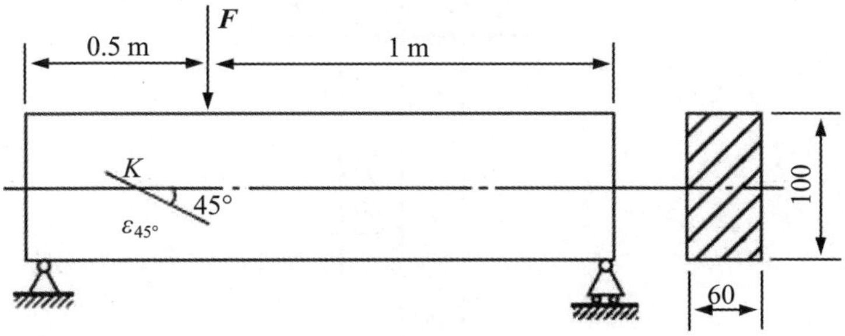

题11-24图

第11章 习 题

班级：　　学号：　　姓名：

11–25 直径为20 mm的圆截面杆受力如图所示，现测得表面A点与水平线成60°方向的正应变为$\varepsilon_{60^\circ}=4.0\times10^{-4}$。已知材料的弹性模量$E$=200 GPa，泊松比$\nu$=0.3。求杆上作用的集中力$F$的大小。

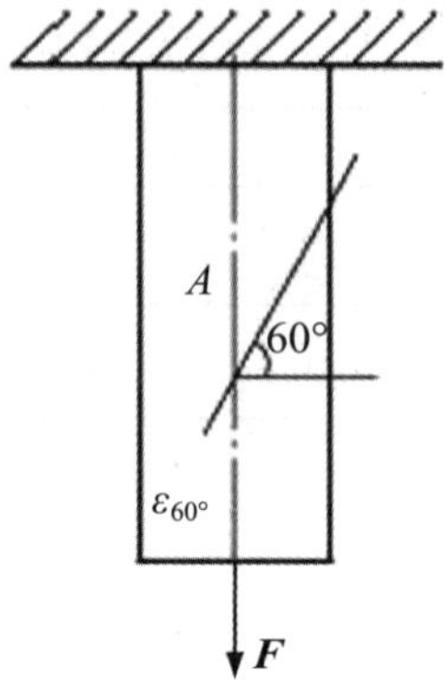

题11-25图

第11章 习 题

班级： 学号： 姓名：

11-26 在某刚性槽内紧密地嵌入一个边长为10mm的铝质立方块，在其上部作用一个集中力F=6 kN，如图所示，图中尺寸单位为mm。已知铝材的弹性模量E=70 GPa，泊松比为ν=0.33。求铝块的三个主应力。

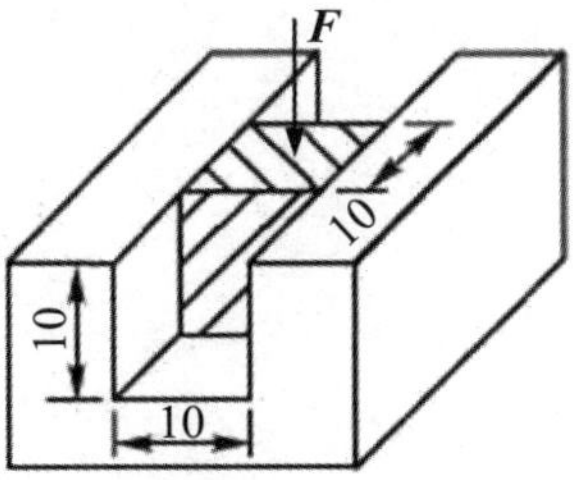

题11-26图

第11章 习题

班级：　　　　学号：　　　　姓名：

11–27 已知钢轨上某点处单元体的三个主应力分别为$\sigma_1 = -650$ MPa，$\sigma_2 = -700$ MPa，$\sigma_3 = -900$ MPa。材料的许用应力$[\sigma]=250$ MPa。试用强度理论校核该点处材料的强度。

第11章 习 题

班级： 学号： 姓名：

11–28 直径为10 mm的圆轴受力如图所示。已知外力偶矩 $M_e=Fd/10$。(1) 若材料为铸铁，材料的许用应力$[\sigma_t]$=30 MPa，求圆轴上的许可载荷F；(2) 若材料为钢材，材料的许用应力$[\sigma]$=160 MPa，求圆轴上的许可载荷F。

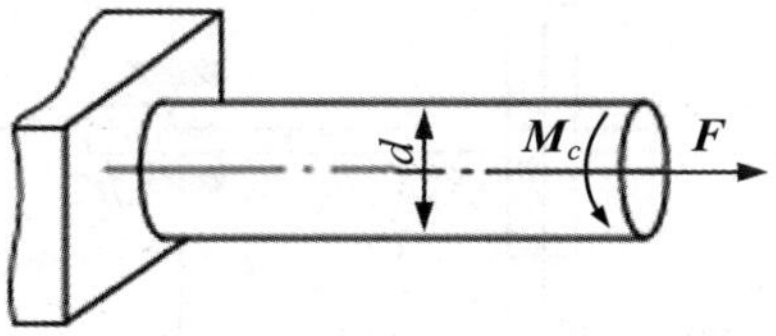

题11-28图

第11章 习 题

班级：　　　　学号：　　　　姓名：

11-29 铰车受力如图所示，图中尺寸单位为mm。已知轴的直径为35 mm，起吊物体的自重W=1000 N，材料的许用应力$[\sigma]$=80 MPa。试按第三强度理论校核轴的强度。

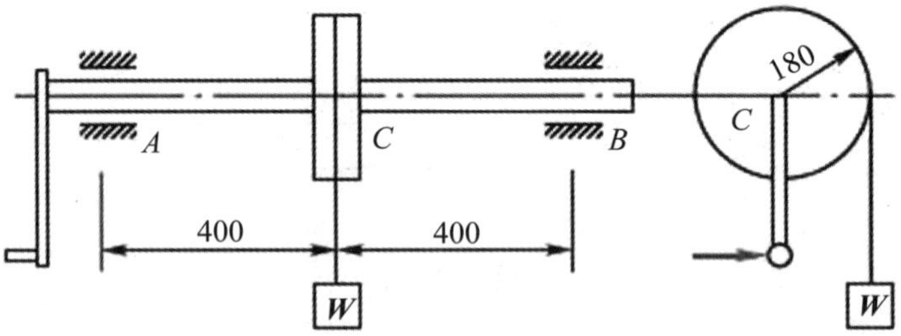

题11-29图

第11章 习 题

班级： 学号： 姓名：

11–30 电机尺寸及受力如图所示。图中皮带轮的直径D=250 mm，轴长l=120 mm，可视为悬臂梁。已知电动机的功率为8.8 kW，转速为800 r/min，皮带轮的自重W=700 N，轴材料的许用应力$[\sigma]$=100 MPa，试按第四强度理论设计轴的直径d。

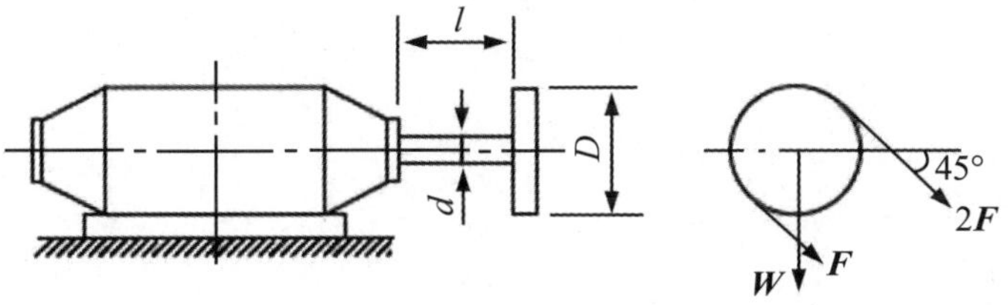

题11-30图

第11章 习 题

班级： 学号： 姓名：

11-16 已知某单元体的应力状态如图所示，图中应力单位为MPa。试求：(1) 指定斜截面上的应力；(2) 主应力和最大切应力。

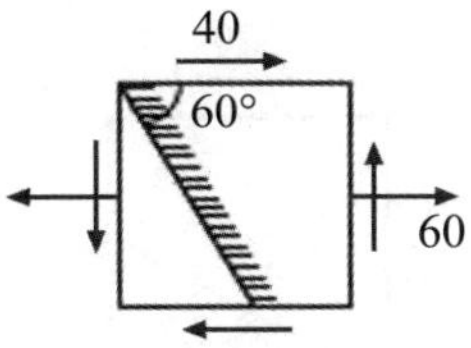

题11-16图

第11章 习 题

班级： 学号： 姓名：

11–17 已知某单元体的应力状态如图所示，图中应力单位为MPa。试求：(1) 指定斜截面上的应力；(2) 主应力和最大切应力。

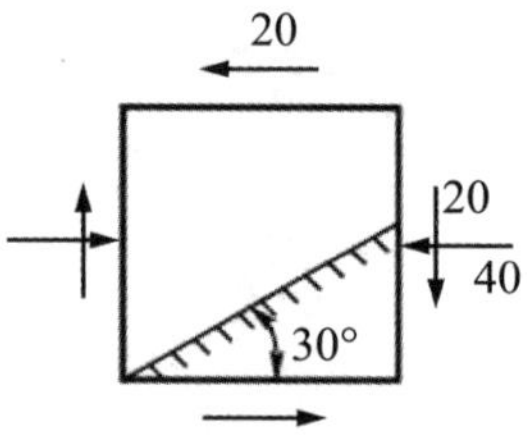

题11-17图

第11章 习 题

班级： 学号： 姓名：

11–18 已知某单元体的应力状态如图所示，图中应力单位为MPa。试求：(1) 指定斜截面上的应力；(2) 主应力和最大切应力。

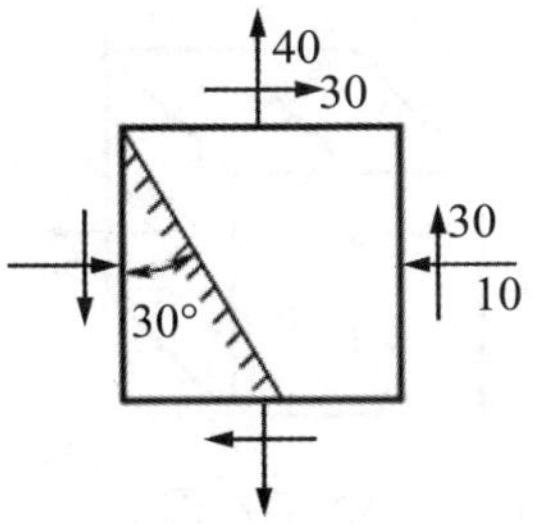

题11-18图

第11章 习 题

班级：　　　　学号：　　　　姓名：

11–19 已知某单元体的应力状态如图所示，图中应力单位为MPa。试求单元体的主应力和最大切应力。

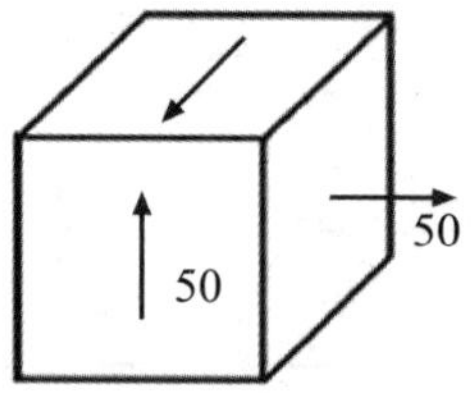

题11-19图

第11章 习 题

班级：　　　　学号：　　　　姓名：

11-20 已知某单元体的应力状态如图所示，图中应力单位为MPa。试求单元体的主应力和最大切应力。

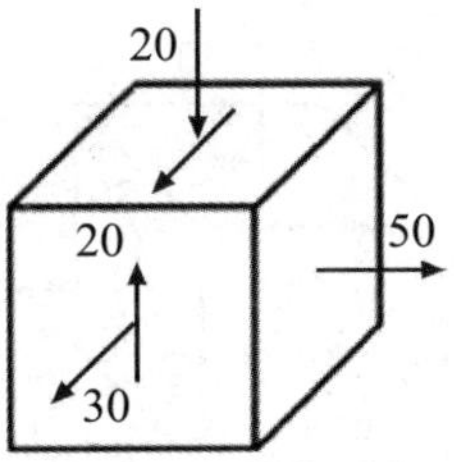

题11-20图

第11章 习 题

班级： 学号： 姓名：

11–21 已知某单元体的应力状态如图所示，图中应力单位为MPa。试求单元体的主应力和最大切应力。

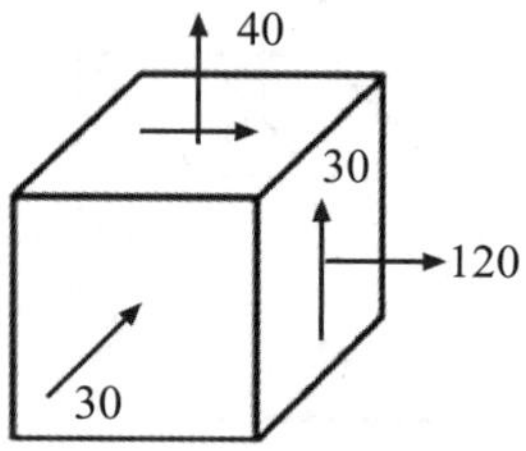

题11-21图

第11章 习题

班级：　　　　　　学号：　　　　　　姓名：

11-22 一矩形截面梁，尺寸及载荷如图所示，图中尺寸单位为mm。(1) 画出梁上A、B、C点的原始单元体，标出各面上的应力；(2) 求各点的主应力及最大切应力。

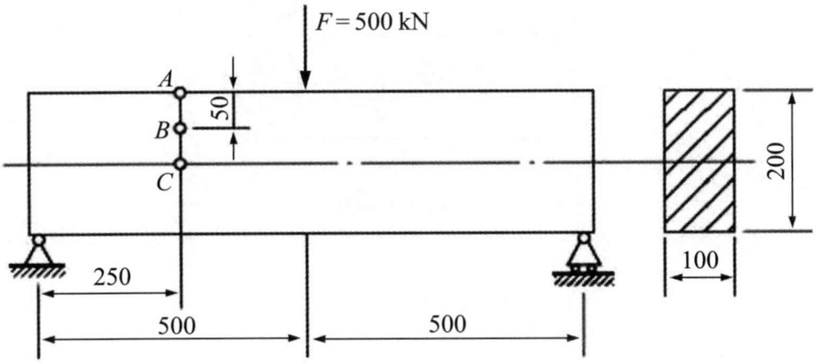

题11-22图

第11章 习 题

班级： 学号： 姓名：

11–23 受扭空心圆轴如图所示，现测得圆轴表面K点与轴线成45°方向的正应变为$\varepsilon_{45°}$。已知圆轴外径为D，内外径之比为α，材料的弹性模量为E，泊松比为ν。求外力偶矩$\boldsymbol{T}$。

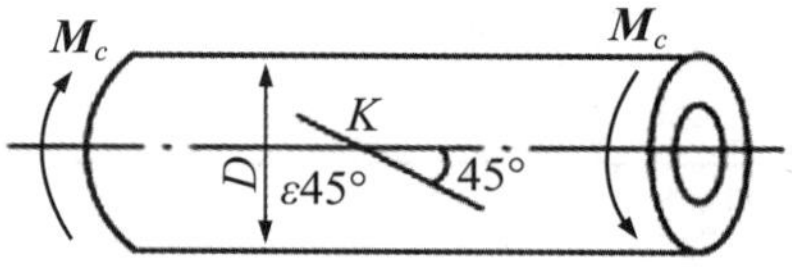

题11-23图

第11章 习 题

班级： 学号： 姓名：

11-24 矩形截面梁截面尺寸及受力如图所示，图中截面尺寸单位为mm。现测得梁中性层上K点与轴线成45°方向的正应变为$\varepsilon_{45^\circ}=50\times10^{-6}$。已知材料的弹性模量$E$=200 GPa，泊松比$\nu$=0.25。求梁上作用的集中力$F$的大小。

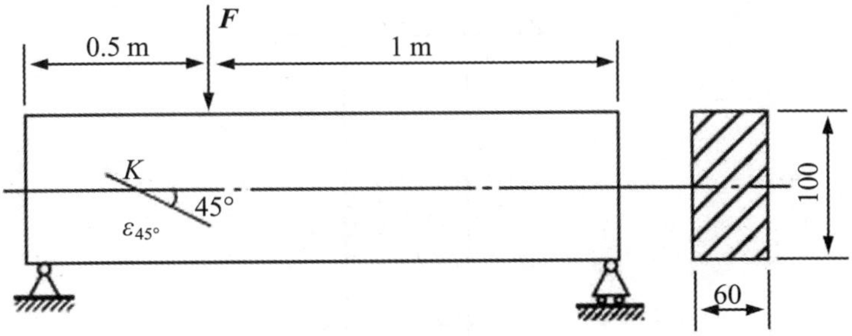

题11-24图

第11章 习 题

班级： 学号： 姓名：

11–25 直径为20 mm的圆截面杆受力如图所示，现测得表面A点与水平线成60°方向的正应变为$\varepsilon_{60^\circ}=4.0\times10^{-4}$。已知材料的弹性模量$E$=200 GPa，泊松比$\nu$=0.3。求杆上作用的集中力$F$的大小。

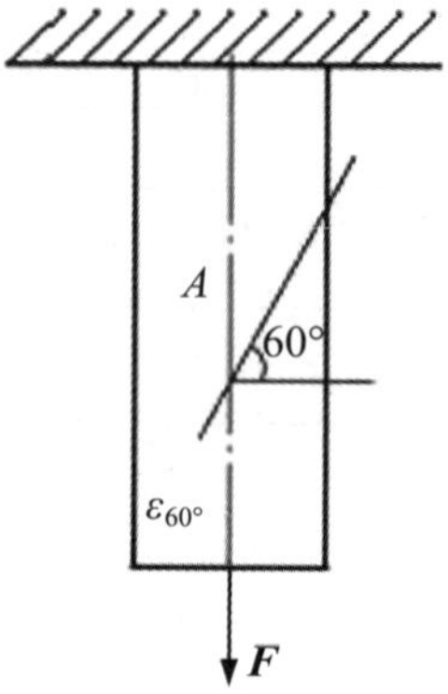

题11-25图

第11章 习 题

班级： 学号： 姓名：

11–26 在某刚性槽内紧密地嵌入一个边长为10mm的铝质立方块，在其上部作用一个集中力F=6 kN，如图所示，图中尺寸单位为mm。已知铝材的弹性模量E=70 GPa，泊松比为ν=0.33。求铝块的三个主应力。

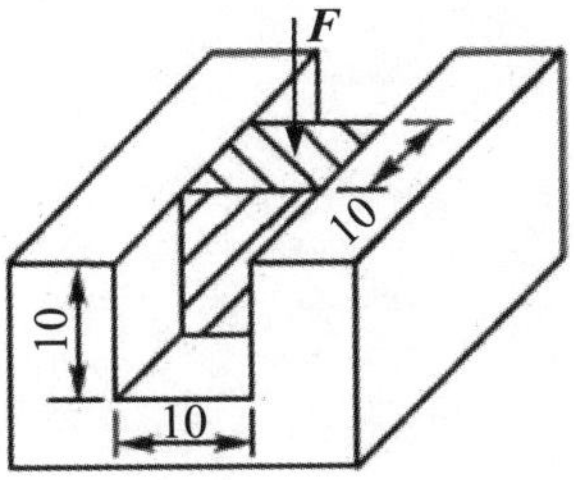

题11-26图

第11章 习 题

班级：　　　　学号：　　　　姓名：

11–27 已知钢轨上某点处单元体的三个主应力分别为$\sigma_1= -650$ MPa，$\sigma_2= -700$ MPa，$\sigma_3= -900$ MPa。材料的许用应力$[\sigma]=250$ MPa。试用强度理论校核该点处材料的强度。

第11章 习 题

班级： 学号： 姓名：

11–28 直径为10 mm的圆轴受力如图所示。已知外力偶矩 $M_e=Fd/10$。(1) 若材料为铸铁，材料的许用应力$[\sigma_t]=30$ MPa，求圆轴上的许可载荷F；(2) 若材料为钢材，材料的许用应力$[\sigma]=160$ MPa，求圆轴上的许可载荷F。

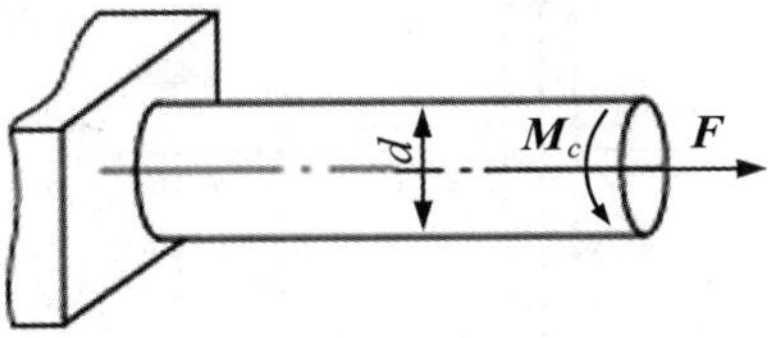

题11-28图

第11章 习 题

班级： 学号： 姓名：

11-29 铰车受力如图所示，图中尺寸单位为mm。已知轴的直径为35 mm，起吊物体的自重W=1000 N，材料的许用应力$[\sigma]$=80 MPa。试按第三强度理论校核轴的强度。

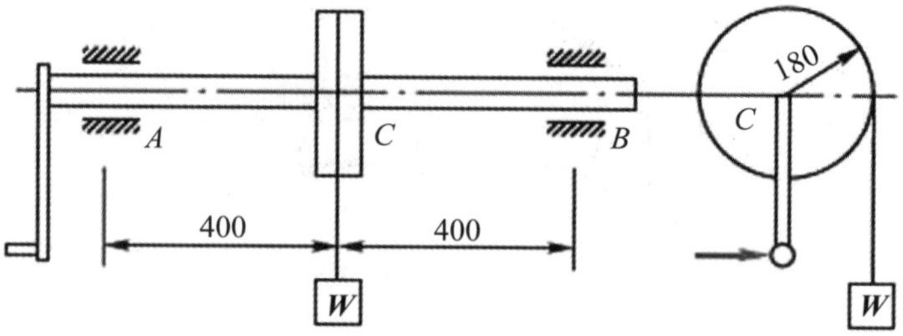

题11-29图

第11章 习 题

班级： 学号： 姓名：

11–30 电机尺寸及受力如图所示。图中皮带轮的直径D=250 mm，轴长l=120 mm，可视为悬臂梁。已知电动机的功率为8.8 kW，转速为800 r/min，皮带轮的自重W=700 N，轴材料的许用应力$[\sigma]$=100 MPa，试按第四强度理论设计轴的直径d。

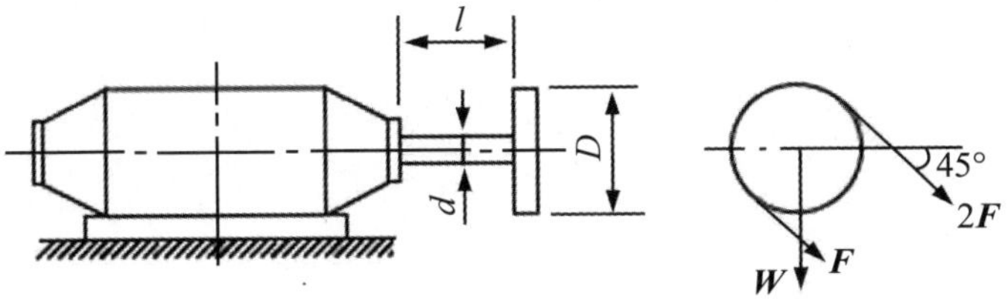

题11-30图